WPS Office

高效办公一本通

文字 · 表格 · 演示
PDF · 脑图

博蓄诚品◎编著

U0381817

化学工业出版社
·北京·

内容简介

WPS Office软件是我们日常工作、学习、生活中重要的"好帮手"。本书采用全彩图解＋视频讲解的形式，详细介绍了新版WPS Office的应用技巧。

全书不仅对常用的WPS文字、WPS表格和WPS演示三大主要功能进行了阐述，还对该软件的一些特色功能应用进行了讲解，例如PDF阅读器、流程图、脑图、图片设计等工具。

本书内容丰富实用，知识点循序渐进；案例选取具有代表性，贴合日常实际需求；讲解细致，通俗易懂，操作步骤全程图解。同时，本书还配套了丰富的学习资源，主要有超大容量的同步教学视频、所有案例的源文件及素材，扫描对应的二维码即可轻松获取及使用。此外，还超值赠送常用行业案例及模板、各类电子书、线上课堂专属福利等。

本书适合广大职场人员以及电脑新手自学使用，还可用作相关培训机构的教材及参考书。

图书在版编目（CIP）数据

WPS Office高效办公一本通：文字·表格·演示·PDF·脑图/博蓄诚品编著. —北京：化学工业出版社，2021.3（2023.9重印）
ISBN 978-7-122-38327-3

Ⅰ.①W… Ⅱ.①博… Ⅲ.①办公自动化-应用软件
Ⅳ.①TP317.1

中国版本图书馆CIP数据核字（2021）第017482号

责任编辑：耍利娜　　　　　　　　　　　美术编辑：王晓宇
责任校对：王鹏飞　　　　　　　　　　　装帧设计：北京壹图厚德网络科技有限公司

出版发行：化学工业出版社（北京市东城区青年湖南街13号　邮政编码100011）
印　　装：北京天宇星印刷厂
710mm×1000mm　1/16　印张19½　字数396千字　2023年9月北京第1版第6次印刷

购书咨询：010-64518888　　　　　　　售后服务：010-64518899
网　　址：http：//www.cip.com.cn
凡购买本书，如有缺损质量问题，本社销售中心负责调换。

定　　价：69.00元

前 言

编写目的

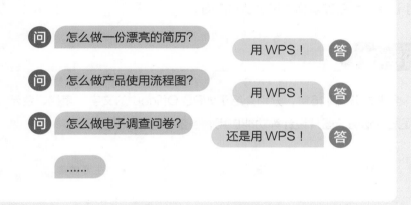

难道WPS软件真的是无所不能吗？不能说所有，只能说使用它，可以满足你日常的办公需求。

WPS全称为WPS Office，是金山公司开发的一款办公软件。它因其人性化、智能化的操作已被广大职场人所认可。无论是进行文档排版、数据分析，还是方案演示，它都能帮助你高质量地完成。另外，随着版本不断的升级优化，WPS也陆续推出了一系列便捷小工具，例如PDF阅读器、图片设计、脑图、流程图等。可以说一款软件实现了多款软件同时运作的效果——便捷，高效！

为了帮助各位职场人解决日常办公问题，我们编写了这本《WPS Office高效办公一本通：文字·表格·演示·PDF·脑图》。本书除对WPS Office三大基础组件进行阐述外，还对一些实用辅助工具进行了简要说明，让读者真正体验到WPS软件所带来的便利之处。

内容特点

理论与实践并举： 在讲解各知识应用时，遵循常用操作详解→综合案例分步解析（跟我学）→自测练习（自己做）这一流程，以便全面掌握WPS Office各组件的应用。

图文并茂，版式轻松： 全书图文并茂，知识引导阅读、小提示恰到好处，摆脱了传统多栏排版、一步一图的枯燥感，从而提升读者的学习兴趣。

延伸学习，想看就看： 各要点、难点均配有高清视频讲解，读者只需扫描书中相应位置的二维码即可随时随地观看视频讲解。另外，大量【技巧延伸】及【办公小课堂】帮助读者横向拓展了知识面。

内容结构

全书共分5篇16章，分别介绍了WPS Office中的文字、表格、演示、PDF、流程图、脑图、图片设计等功能应用，各部分内容安排如下。

篇	章	主要内容
学前预热篇	第 1 章	WPS Office 常见案例解析，例如：如何制作简历、如何制作工作计划表、如何制作手机壁纸等
WPS 文字应用篇	第 2~4 章	依次对文档的基础操作、文档编辑、页面设置、审阅与修订、表格的应用、图片的应用、文本框的应用、文档的高级排版、页眉页脚的设置等内容进行全面的讲解
WPS 表格应用篇	第 5~8 章	依次对表格的创建、行列及单元格的操作、数据的录入、数据表的美化、报表的打印及保护、数据处理与分析、公式与函数的使用、图表和数据透视表应用等内容进行详细的讲解

篇	章	主要内容
WPS 演示应用篇	第 9~12 章	依次对演示文稿的创建、幻灯片的插入与删除、文本框和艺术字的使用、幻灯片背景设置、幻灯片元素的设计、动画的添加及设置、幻灯片放映与输出等内容进行细致的讲解
WPS 其他组件应用篇	第 13~16 章	依次对 WPS 的 PDF、流程图、脑图以及图片设计等常用组件的使用方法进行详细讲解

资源服务

（1）同步视频教学

本书涉及的重难点操作均配有高清视频讲解，视频多达100段，总时长近10小时；扫描书中二维码，边学边看，有助于提高学习效率。

（2）素材、源文件

书中所用到的案例素材及源文件均可下载使用，方便读者实践学习。

（3）其他学习资源

●常用办公模板　额外赠送各类模板共计690个，方便读者在实际工作中直接套用。

●Office专题视频　共计230段，全方位、多角度、动态演示Office办公应用的功能。

●GIF操作动图　共计270个，直观、形象、生动地展示各类办公工具操作技巧。

（4）线上课堂专属福利

第1步：添加QQ好友1908754590；

第2步：加入学习交流群并开通读者权限（该权限仅供购买本书的读者使用）；

第3步：进入线上课堂，凭读者权限领取福利，观看视频。

（5）在线答疑

作者团队具有丰富的实战经验，随时随地为读者答疑解惑。读者在学习过程中如有任何疑问，或需要下载学习资源，可联系QQ1908754590解决。

适读群体

（1）职场办公人员

本书介绍WPS Office软件的常用组件，内容全面，适合不同行业、不同岗位的职场人士自学使用。

（2）计算机初学者

本书内容涵盖面广，实用性强，简单易学，即使计算机操作基础薄弱的初学者也能轻松理解，并学以致用。

（3）培训班及在校学生

本书从读者的实际需求出发，对办公软件的使用和操作技巧进行细致入微的讲解，适合社会培训班及学校作为教材使用。

本书在编写过程中力求严谨细致，但由于时间与精力有限，疏漏之处在所难免，望广大读者批评指正。

编者

目 录

WPS 表格 应用篇

WPS 演示 应用篇

WPS 其他 组件应用篇

附　录

学前预热篇

第1章

WPS Office 应用解析

WPS Office包含文字、表格、演示三大基础组件，能无障碍兼容微软Office格式的文档。另外，随着软件的不断升级和优化，所包含的功能也越来越丰富，例如PDF阅读功能、流程图、脑图、图片设计以及表单等工具，可以满足用户日常使用需求。本章将以6个完整的案例对WPS Office常用组件的应用进行解析。

怎样制作一份优秀的个人简历

　　HR阅读一份简历的平均时间不会超过6秒，在这短短的6秒中，需要让HR看到：你有什么特长、未来有什么潜质、是否具备胜任岗位的能力，从而获得机会。可见，简历在求职过程中是非常关键的。那么一份优秀的简历应该具备哪些特征，又该如何制作呢？

1.1.1　准备工作

（1）优秀的简历需要具备的特征

　　① 结构清晰，能够一眼看到整个简历的重点。

　　② 表述清楚，对过往经历的描述表达清晰，用词准确，年份清楚。

　　③ 岗位匹配，根据岗位描述调整简历，每一条经历都要与岗位要求相匹配。

（2）简历的必要模块

　　一份完整的简历通常由以下模块组成：个人信息、教育背景、工作经历、技能荣誉以及自我评价等，如图1-1所示。

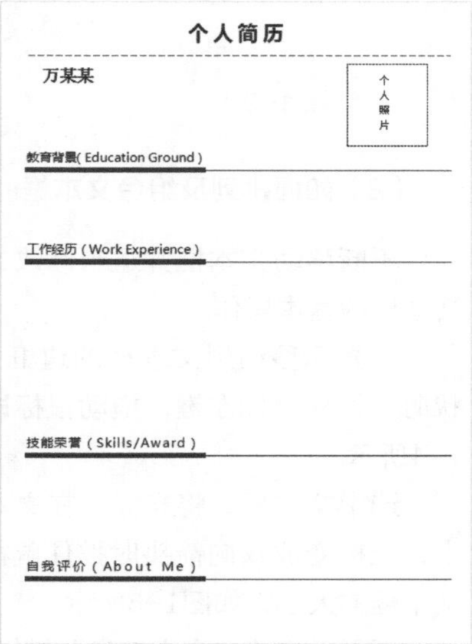

（3）什么风格的简历更受欢迎

　　简约漂亮、内容有重点的简历更受HR青睐，更容易赢得面试机会。太过花哨的设计，往往会对信息的提取造成干扰，不容易抓住重点。

图 1-1

1.1.2　制作攻略

　　简历一般使用文字排版软件制作，WPS文字软件便是很好的选择。简历中的各个模块可以使用表格构建，也可以使用文本框构建。使用文本框要比使用表格更灵活，我们看到的很多漂亮的简历模板大多数都是使用文本框来构建的。下面先来了解一下如何使用文本框构建简历模块。

（1）如何构建基本模块

在"插入"选项卡中单击"文本框"按钮，将光标移动到文档中，按住鼠标左键，拖动鼠标即可绘制出文本框。

绘制出的文本框中会有一个闪动的光标，此时可直接向文本框中输入内容。如图1-2所示。默认创建的文本框有黑色的边框和白色的填充色，通过文本框右侧的快捷按钮，可将边框和填充色去除，如图1-3所示。

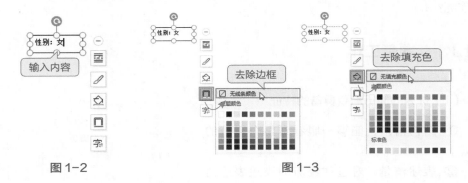

图1-2　　　　　　　　　　　　　　图1-3

（2）如何排列及组合文本框

不断移动文本框并适当修改文本框大小，是排列和组合文本框的基本操作。

将光标移动到文本框的边框上方，当光标变成"⬚"形状时，按住鼠标左键，拖动鼠标即可移动文本框位置，如图1-4所示。

选中文本框，将光标放在文本框四周的任意一个编辑点上，光标变成双向箭头时按住鼠标左键，拖动鼠标，可调整文本框的大小，如图1-5所示。

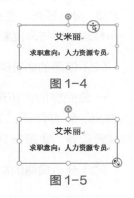

图1-4

图1-5

下面以构建"个人信息"模块为例介绍。

使用文本框创建出"个人信息"模块中所有的信息如图1-6所示。将文本框按一定的位置和顺序排列好，然后去除文本框的边框和填充色，可适当插入一些小图标作为装饰，如图1-7所示。

图1-6　　　　　　　　　　　图1-7

在"个人信息"底部添加色块进行装饰，然后插入个人照片即可完成该模块的设计，如图1-8所示（图片的插入和裁剪方法请参阅本书3.2节的相关内容）。

图 1-8

办公小课堂

　　一个模块构建好之后，最好将这个模块中的文本框或形状进行组合，以防误操作破坏版式。

　　按住【Ctrl】键依次单击需要组合的对象，将这些对象全部选中，随后任意右击一个选中的对象，在弹出的菜单中选择"组合>组合"选项，即可将所选对象组合成一个整体。

1.1.3　成品展示

　　用文本框制作简历，最主要的就是灵活组合文本框，用图形做一些简单的装饰即可，最终效果如图1-9所示。

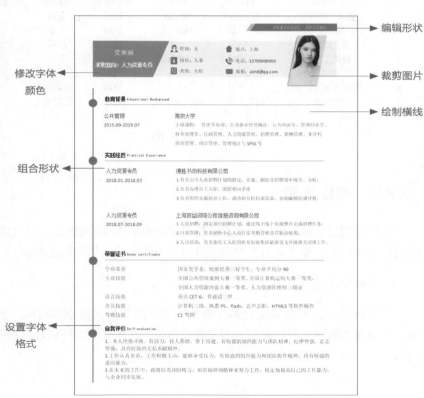

修改字体颜色

组合形状

设置字体格式

编辑形状

裁剪图片

绘制横线

图 1-9

1.2
怎样制作一份直观的工作计划表

工作计划表就是使用表格的形式反映工作计划的内容。制作合理的工作计划表可以提高工作效率，避免遗漏重要的工作，直观展示工作进度等。

扫一扫 看视频

1.2.1　准备工作

制作一份直观的工作计划表需要做哪些准备呢？首先，在WPS表格中罗列出近期的主要工作，然后对每项工作内容进行细化，例如日期、地点、重要程度等，计划的工作是否完成，可以在最后根据实际情况填写，如图1-10所示。

序号	工作内容	日期	地点	重要程度	执行人	是否完成	备注
1	筹备年中会议	6月5日	办公室	重要	王莉		
2	公司团建活动	6月12日	众城户外	日常	王莉		
3	去上海投标	6月15日	上海	重要	赵凯		
4	新员工培训	6月20日	5楼会议室	一般	李爱		
5	采购办公器材	6月22日	商场	日常	王莉		
6	拟定下半年计划	6月30日	办公室	重要	江明炫		
7	年终会议	6月30日	2楼大会议厅	重要	江明炫		

罗列近期工作

图1-10

1.2.2　制作攻略

这里我们想要制作一份包含文字信息和图表的工作计划表，文字信息在准备环节已经输入完成了，接下来需要对表格进行适当的美化，然后创建图表。

（1）美化表格

美化表格时，不需要做太多花哨的设置，简单为表格添加边框，为标题填充颜色，若填充色偏深，可将标题文本设置成白色，将重要的工作内容以不同的颜色突出显示出来，如图1-11所示。

序号	工作内容	日期	地点	重要程度	执行人	是否完成	备注
1	筹备年中会议	6月5日	办公室	重要	王莉		
2	公司团建活动	6月12日	众城户外	日常	王莉		
3	去上海投标	6月15日	上海	重要	赵凯		
4	新员工培训	6月20日	5楼会议室	一般	李爱		
5	采购办公器材	6月22日	商场	日常	王莉		
6	拟定下半年计划	6月30日	办公室	重要	江明炫		
7	年终会议	6月30日	2楼大会议厅	重要	江明炫		

图 1-11

设置表格样式时使用到的命令按钮大多数都保存在"开始"选项卡中，如图1-12所示（这些命令的使用方法请参阅5.4节的相关内容）。

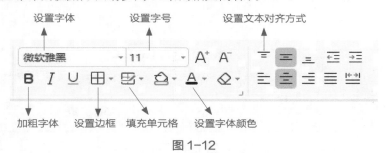

图 1-12

（2）用下拉列表填写工作完成情况

利用"有效性"功能可以对表格中的指定区域设置下拉列表，从而通过下拉列表向单元格中输入内容，如图1-13所示（有效性的设置方法请参阅本书5.3节的相关内容）。

序号	工作内容	日期	地点	重要程度	执行人	是否完成	备注
1	筹备年中会议	6月5日	办公室	重要	王莉	完成	
2	公司团建活动	6月12日	众城户外	日常	王莉	取消	
3	去上海投标	6月15日	上海	重要	赵凯	完成	
4	新员工培训	6月20日	5楼会议室	一般	李爱		
5	采购办公器材	6月22日	商场	日常	王莉	完成	
6	拟定下半年计划	6月30日	办公室	重要	江明炫	未完成	
7	年终会议	6月30日	2楼大会议厅	重要	江明炫	取消	

图 1-13

（3）创建图表

图表能够直观转换文字信息，让数据的表达变得更直接。创建图表首先要有数据源。对于本例而言，需要先对原始数据表进行统计，然后将统计结果记录在工作表中的其他位置，如图1-14所示。最后以该统计结果为数据源创建簇状柱形图以及饼图，如图1-15、图1-16所示。

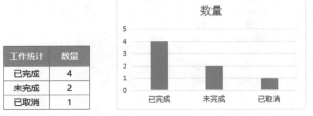

图1-14　　　　　图 1-15

图 1-16

图表创建好后，进行适当的编辑和美化，最后将两张图表进行组合，形成一个整体，如图1-17所示（图表的编辑和美化操作请参阅本书8.3节的相关内容）。

图 1-17

1.2.3　成品展示

在工作计划表顶部插入空白行，调整好行高，为工作计划表设置一个标题，将图表拖动到标题和表格之间，调整好图表的大小，使其与工作计划表融为一体，至此完成工作计划表的制作，最终效果如图1-18所示。

| 6月份工作计划表 | | | | | | | |
序号	工作内容	日期	地点	重要程度	执行人	是否完成	备注
1	筹备年中会议	6月5日	办公室	重要	王莉	完成	
2	公司团建活动	6月12日	众城户外	日常	王莉	取消	
3	去上海投标	6月15日	上海	重要	赵凯	完成	
4	新员工培训	6月20日	5楼会室室	一般	李爱	未完成	
5	采购办公器材	6月22日	商场	日常	王莉	未完成	
6	拟定下半年计划	6月30日	办公室	重要	江明炫	完成	
7	年终会议	6月30日	2楼大会议厅	重要	江明炫	完成	

图 1-18

1.3
怎样为自己的手机设计一张壁纸

手机壁纸是手机屏幕所使用的背景图片，可以根据手机屏幕大小和分辨率来做相应调整。当各种壁纸网站中的手机壁纸数不胜数，让人眼花缭乱时，你是否希望拥有自己的专属壁纸呢？其实使用WPS的"图片设计"工具就可以轻松设计出风格各异的手机壁纸，而且操作简单，非常容易上手。

扫一扫 看视频

1.3.1　准备工作

人们通常会选择符合自己个性、审美或是具有特殊意义的图片作为手机壁纸。所以在制作壁纸之前，用户需要考虑自己想要一张什么风格的壁纸，然后再去搜集相关的素材。例如只是单纯地想用一张风景照片或人物照片作为壁纸，那么只需要将这张照片找出来发送到电脑中备用即可。如果还需要用到其他一些图标、文字等元素，都要先准备好。

1.3.2　制作攻略

经过简单的准备便可以开始制作手机壁纸了。首先启动WPS Office，进入"新建"界面，然后单击"图片设计"按钮，选择"新建空白画布"选项，新建一张空白画布，如图1-19所示。创建画布的时候用户需要根据自己手机的屏幕尺寸自定义画布的大小，如图1-20所示。若画布尺寸没设置对，制作处理的壁纸有可能和自己的手机屏幕不匹配。

图1-19

图1-20

画布创建成功后在WPS窗口左侧打开"上传"标签，用户可以选择从计算机中上传图片，也可以扫描二维码直接上传手机中的图片，图片上传完成后可直接拖动到画布中，然后调整图片大小让图片覆盖整个画布，用户可通过窗口顶部菜单栏中的命令执行添加滤镜、重新调整画布尺寸、裁剪图片、更改图片等操作，如图1-21所示（编辑图片的方法请参阅本书16.1节的相关内容）。

图 1-21

　　通过窗口左侧的"素材""文字""背景""工具"标签可向画布中插入相应元素。当在画布中选中不同元素后，窗口顶部菜单栏中会出现用于编辑所选元素的命令按钮。例如选中文字后，菜单栏中会出现字体、字号、加粗、对齐方式、间距等用于编辑文字效果的命令按钮，如图1-22所示。

图 1-22

办公小课堂

　　手机壁纸制作完成后，单击窗口右上角的"保存并下载"按钮，可进入"下载设计"界面，用户可在该界面中选择图片的格式，并选择将图片下载到计算机中还是手机中。

1.3.3　成品展示

壁纸设计完成后，下载到手机中直接应用即可，效果如图1-23所示。有时候只要简单的背景加上一些文字就能呈现很好的效果，如图1-24所示。

图 1-23　　　　　　　　图 1-24

怎样用脑图呈现产品推广方案

WPS Office从2019版本开始便推出了"脑图"功能，它可以快速制作出思维导图，直观地整理复杂的工作，科学地整理知识点，帮助用户更好地梳理和回顾工作。

1.4.1　准备工作

这里将利用"脑图"功能制作一份"产品推广方案"，在制作过程中用户会对这个工具有一个初步的认识。

产品推广是指企业的产品或某项服务问世后进入市场的一个阶段。在做产品推广方案的时候，需要考虑从哪些渠道进行推广，然后在每种推广渠道上进行哪些方面的推广，最后用脑图呈现出来。

1.4.2　制作攻略

启动WPS Office，在首页中单击"新建"按钮，进入"新建"页面，单击"脑图"按钮，选择"新建空白图"选项，如图1-25所示。一个空白图随即被创建出来，图中默认包含中心主题，该中心主题无法删除，后面整个脑图都是由这个中心主题发散出去的，如图1-26所示。

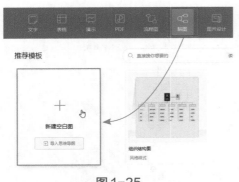

图1-25

图1-26

制作脑图需要用到的功能按钮基本都保存在"样式"和"插入"选项卡中，选中中心主题节点直接输入文本，所输入的文本即可替换原有文本。

保持中心主题节点为选中状态，在"插入"选项卡中单击"插入子主题"按钮，即可插入一个分支主题，如图1-27所示。此时的分支主题自动被选中，单击"插入同级主题"按钮，可插入与所选主题相同级别的分支主题，如图1-28所示。

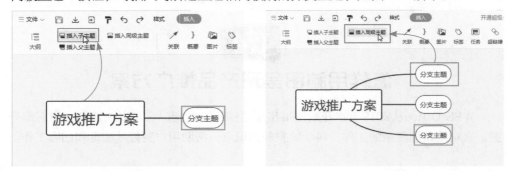

图1-27

图1-28

随后通过"插入子主题"和"插入同级主题"这两个按钮继续向脑图中插入子主题和同级主题，如图1-29、图1-30所示。

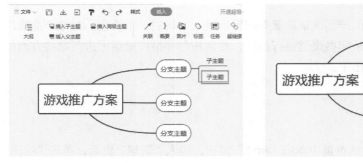

图1-29

图1-30

选中脑图中的指定主题后，通过"样式"选项卡中的"节点样式""节点背景""连线颜色""边框颜色"等命令按钮可对脑图进行美化，如图1-31所示。向各主题节点中输入内容后，根据内容的主次或重要程度可适当添加图标，这些图标保存在"插入"选项卡中，如图1-32所示（脑图的美化以及图标的使用请参阅本书15.2节的相关内容）。

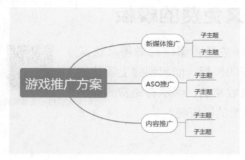

图 1-31

图 1-32

1.4.3 成品展示

根据自己的思路继续添加分支主题，逐步完成脑图的制作，最终效果如图1-33所示。

脑图制作完成后可保存至WPS云文档，以供下次查看和使用；也可导出成图片，如果是普通会员，导出的脑图会带有WPS的水印，开通超级会员可去除水印。

图 1-33

1.5
怎样获取好看又免费的模板

我们平时在做简历、汇报、表格的时候总是希望自己做得又快又好，很多人会使用模板制作。的确，一份好的模板，能起到锦上添花的作用。但是各种模板网站上的模板往往都是收费的，偶尔有免费的却不好看，那么到底哪里才能下载到既好看又免费的模板呢？

扫一扫 看视频

1.5.1 下载途径

其实WPS Office就自带了很多免费模板。除此之外，同属金山办公的稻壳商城还有更多免费模板，而且模板的质量更高。这些模板类型主要包括PPT模板、表格模板、文档模板等。

1.5.2 下载方法

下面以下载PPT模板为例介绍一下免费模板的获取方法。

（1）从WPS Office新建页面中下载

启动WPS，在首页中单击"新建"按钮，如图1-34所示。在"新建"页面中选择"演示"选项，将光标定位到搜索框中，输入"免费"，单击"🔍"按钮进行搜索，如图1-35所示。

图1-34   图1-35

界面中随即显示出所有免费PPT模板，用户可以通过页面下方的切换按钮浏览更多免费模板，如图1-36所示。在满意的模板上方单击，随后单击"免费试用"按钮即可下载该模板，如图1-37所示。模板下载成功后会自动在WPS中打开。

图 1-36   图 1-37

（2）从稻壳商城下载

单击"首页"标签右侧的"稻壳模板"按钮，打开"稻壳商城"选择需要下载的模板类型，在打开的页面中搜索"免费模板"，此时页面中显示的即是免费的模板，用户选择一款满意的进行下载即可，如图1-38所示。

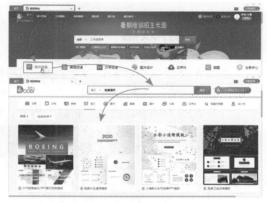

图 1-38

1.6

怎样制作一份可回收的电子调查问卷

WPS表单是金山办公的新升级功能，最初是为了帮助受新型冠状病毒影响在家办公的人员。WPS表单可用于统计订单、收集个人信息、做日报、问卷投票等，收集到的数据能够自动汇总至表格。这里我们要使用WPS表单制作一份"开学疫情防控调查问卷"。

1.6.1 准备工作

制作调查问卷之前先考虑好需要调查的项目，将需要在问卷中显示的题目大致罗列出来，以提高调查问卷的制作速度，如图1-39所示。

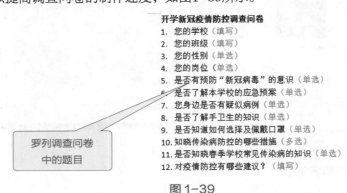

图 1-39

使用WPS表单功能制作电子调查问卷其实非常简单，下面将介绍"开学新冠疫情防控调查问卷"的制作过程。

打开WPS Office，进入"新建"界面，新建一份空白表单，如图1-40所示。

图 1-40

直接输入表单的标题以及描述文字。新建的表单中默认包含一个"填空题"，用户可直接输入题目，也可删除该题目重新添加其他题目，如图1-41所示。

图 1-41

在页面左侧的"添加题目"组中单击指定按钮，可向表单中添加相应类型的题目。随后可输入该题目的问题，若该题目是必须作答的则需要勾选"必填"复选框，如图1-42所示。

图 1-42

在"添加题目"组中单击"选择题"按钮向表单中添加选择题，默认添加的选择题只包含两个选项，单击"添加选项"按钮可以增加选项，如图1-43所示。

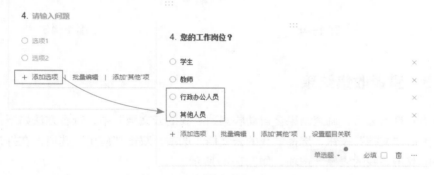

图 1-43

添加选择题后，单击题目下方的"单选题"按钮，在展开的列表中选择"多选题"选项，可将单选题切换成多选。另外，单击"添加其他项"按钮，还可以向选项中添加"其他"选项，如图1-44所示。

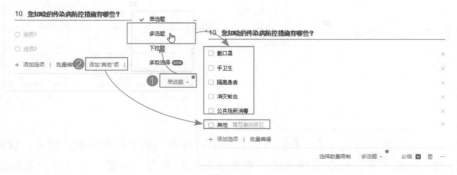

图 1-44

表单制作完成后单击页面右侧的"完成创建"按钮即可生成表单链接，在完成创建之前用户可以设置表单的截止时间、填写者身份及填写权限等，如图1-45所示。

表单创建成功后会弹出一个对话框，该对话框中显示了表单链接，单击"复制链接"按钮，将链接分享给其他人即可，如图1-46所示。

图 1-45

图 1-46

1.6.3 查看收集结果

表单分享出去后，调查结果会自动收集到"我的云文档"中，查看方法如下：在首页中单击"文档"按钮，选择"我的云文档"选项，双击"应用"选项，在打开的文件夹中双击"我的表单"选项，如图1-47所示。

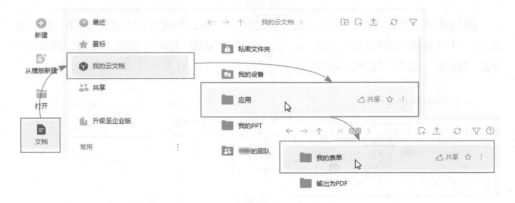

图 1-47

找到相应表单后，双击，在打开的页面中可查看该表单的数据统计结果，查看答卷详情、修改表单、获取表单链接、查看数据汇总表等，如图1-48所示。选择题的统计结果还可以用饼图或条形图的形式展示，如图1-49所示。

序号	内容
4	市一中
3	市二中
2	树人中学
1	市一中

图 1-48

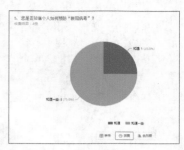

图 1-49

WPS 文字
应用篇

第2章

快速完成
文档制作

在日常办公中，不论是制作计划书、起草合同，还是进行工作总结，都离不开WPS文字文档。对于初学者来说，它可能仅仅是一个文字存储工具，其实用户可以在WPS文字文档中进行更多的设置操作。本章将对文档的基础操作、文档的编辑、文档页面的设置、文档的修订与审阅等进行详细介绍。

文档的基础操作

在制作文档之前，用户需要先掌握文档的一些基本操作，例如创建与保存文档、打印与输出文档等。

2.1.1　创建与保存文档

扫一扫 看视频

用户首先要创建一个空白文档，然后将文档保存到指定位置，方便后面对文档进行相关操作。

（1）创建空白文档

打开WPS Office软件，在"首页"界面单击"新建"标签或"新建"按钮，打开"新建"界面，如图2-1所示。在界面上方选择"文字"选项，然后单击"新建空白文档"选项，如图2-2所示，即可新建名为"文字文稿1"的空白文档。

图 2-1

图 2-2

（2）保存文档

新建一个空白文档后，用户需要为文档重命名，并保存到指定位置。在文档上方单击"保存"按钮，或单击"文件"按钮，从列表中选择"保存"选项，打开"另存为"对话框，从中设置保存位置和文件名，单击"保存"按钮即可，如图2-3所示。

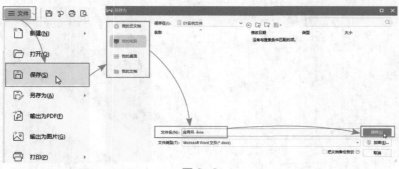

图 2-3

技巧延伸

除了创建空白文档外，用户也可以创建一个模板文档，只需要在"新建"界面左侧的"品类专区"区域，选择"免费专区"选项，并从其级联菜单中选择需要的

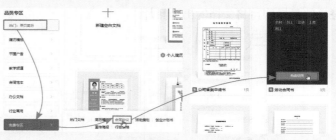

图 2-4

模板类型，在弹出的界面中选择模板后，单击"免费使用"按钮，登录账号后，即可免费下载模板，如图2-4所示。

2.1.2　打印与输出文档

创建好文档后，用户可以根据需要将其打印出来，还可以将文档输出为图片、PDF等格式。

（1）打印文档

在文档中单击"文件"按钮，从列表中选择"打印"选项，并从其级联菜单中选择"打印"选项，打开"打印"对话框，从中选择打印机类型，设置打印范围、打印份数、打印方式等，单击"确定"按钮即可，如图2-5所示。

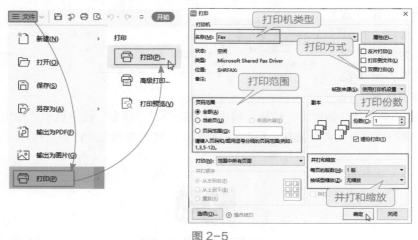

图 2-5

（2）输出文档

如果用户需要将文档输出为图片格式，则可以单击"文件"按钮，从列表中选择

"输出为图片"选项，打开"输出为图片"窗格，设置"输出方式""水印设置""输出页数""输出格式""输出品质""输出目录"等，单击"输出"按钮，如图2-6所示。登录账号后即可将文档输出为图片。

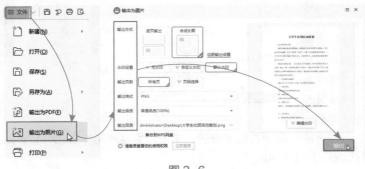

图2-6

办公小课堂

　　用户注册稻壳会员后，可以将文档输出为"无水印"或"自定义水印"，以及"标清品质""高清品质""超清品质"的图片。

　　如果用户需要将文档输出为PDF格式，则可以单击"文件"按钮，从列表中选择"输出为PDF"选项，打开"输出为PDF"窗格，设置"输出范围""输出设置""保存目录"，单击"开始输出"按钮，输出成功后会在"状态"栏中显示"输出成功"字样，单击"打开文件"按钮，如图2-7所示，即可查看输出的PDF文档。

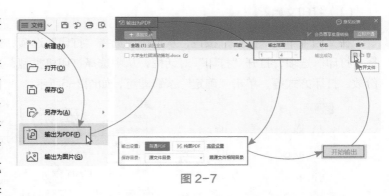

图2-7

2.2 编辑文档内容

　　在文档中输入内容后，通常需要对文档内容进行编辑，例如设置文本格式、设置段落格式、添加项目符号和编号等。

2.2.1 设置文本格式

扫一扫 看视频

设置文本格式也就是对文本的字体、字号、字体颜色、字形等进行设置。用户在"开始"选项卡中就可以进行相关设置，如图2-8所示。

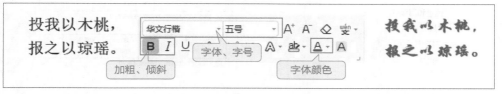

图 2-8

此外，在"开始"选项卡中单击"字体"对话框启动器按钮，打开"字体"对话框，在"字体"选项卡中也可以设置文本的字体、字形、字号、字体颜色等，如图2-9所示。

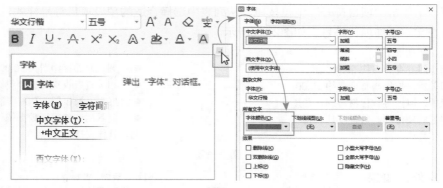

图 2-9

技巧延伸

在"开始"选项卡中，用户单击 A⁺ 按钮或按【Ctrl+】】组合键，可以快速增大字号。单击 A⁻ 按钮或按【Ctrl+【】组合键，可以快速减小字号。

2.2.2 设置段落格式

设置段落格式就是对段落的对齐方式、缩进值、行距等进行设置，在"开始"选项卡中可以直接进行设置，如图2-10所示。

此外，在"开始"选项卡中单击"段落"对话框启动器按钮，打开"段落"对话框，在"缩进和间距"选项卡中也可以设置对齐方式、缩进值、行距等，如图2-11所示。

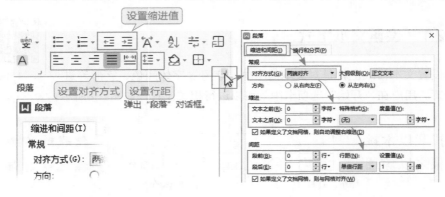

图 2-10　　　　　　　　　　　　图 2-11

2.2.3　添加项目符号

为文档内容添加项目符号，可以使内容更加清晰有层次。选择文本，在"开始"选项卡中单击"项目符号"下拉按钮，从列表中选择合适的预设项目符号样式，即可为所选文本添加项目符号，如图2-12所示。

图 2-12

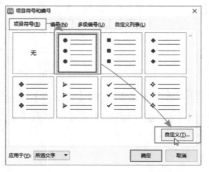

此外，如果用户想要自定义项目符号样式，则可以在"项目符号"列表中选择"自定义项目符号"选项，打开"项目符号和编号"对话框，

图 2-13

在"项目符号"选项卡中选择任意一种项目符号样式，单击"自定义"按钮，打开"自定义项目符号列表"对话框，如图2-13所示。单击"字符"按钮，可以在打开的"符号"对话框中选择符号样式。单击"字体"按钮，可以在"字体"对话框中设置符号

的大小和颜色。最后单击"确定"按钮即可。

2.2.4　设置文档编号

　　为文档内容添加编号，可以组织文档内容，使文档的层次结构更清晰、更有条理。选择文本，在"开始"选项卡中单击"编号"下拉按钮，从列表中选择合适的编号样式，即可为所选文本添加编号，如图2-14所示。

图 2-14

办公小课堂

　　在"项目符号"列表中，系统还为用户提供了各种类型的稻壳项目符号，只需要登录账号后就可以使用。

　　如果用户想要自定义编号样式，则可以在"编号"列表中选择"自定义编号"选项，打开"项目符号和编号"对话框，在"编号"选项卡中选择任意一种编号样式，单击"自定义"按钮，打开"自定义编号列表"对话框，从中设置"编号格式"和"编号样式"，单击"字体"按钮，可以在打开的"字体"对话框中设置编号的字体格式，如图2-15所示。最后单击"确定"按钮即可。

图 2-15

　　为文档内容添加自定义的编号后，一般编号后的文本不会对齐，这时可以使用标尺，来调整编号与文本之间的距离。选择添加编号的文本内容，单击鼠标右键，从弹出的快捷菜单中选择"调整列表缩进"选项，打开"调整列表缩进"对话框，单击"编号之后"下拉按钮，从列表中选择"制表符"选项，单击"确定"按钮，如图2-16所示。

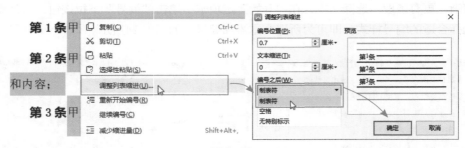

图 2-16

　　打开"视图"选项卡，勾选"标尺"复选框，调出标尺，将光标放在"悬挂缩进"游标上，按住鼠标左键不放，左右拖动即可调整编号与文本之间的距离，如图2-17所示。

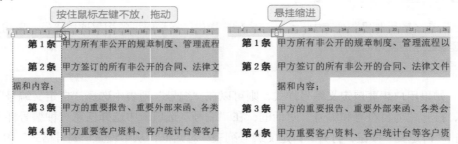

图 2-17

2.2.5　查找与替换内容

　　查找替换功能非常强大，用户可以在一篇文档中快速找到想要的内容，或者快速替换文档中的错误内容。

扫一扫 看视频

（1）查找内容

　　如果用户想要将文档中的"违约金"文字内容快速查找出来，则可以在"开始"选项卡中单击"查找替换"下拉按钮，从列表中选择"查找"选项，打开"查找和替换"对话框，在"查找内容"文本框中输入"违约金"，然后单击"突出显示查找内容"下拉按钮，从列表中选择"全部突出显示"选项，即可将查找的内容全部突出显示出来，如图2-18所示。

　　用户也可以单击"查找上一处"或"查找下一处"按钮，逐个查找。

图 2-18

（2）替换内容

　　如果需要将文档中错误的内容"租临"，快速更改成正确的内容"租赁"，则可以在"开始"选项卡中单击"查找替换"下拉按钮，从列表中选择"替换"选项，打开"查找和替换"对话框，在"查找内容"文本框中输入错误的内容"租临"，在"替换为"文本框中输入正确的内容"租赁"，然后单击"全部替换"按钮，提示完成多少处替换，单击"确定"按钮即可，如图2-19所示。

图 2-19

　　用户也可以使用查找替换功能，批量删除文档中的空行。打开"查找和替换"对话框，将光标插入到"查找内容"文本框中，单击"特殊格式"下拉按钮，从列表中选择"段落标记"选项，再选择一次"段落标记"，接着将光标插入"替换为"文本框中，在"特殊格式"列表中选择"段落标记"选项，最后一直单击"全部替换"按钮，直到删除文档中的所有空行即可，如图2-20所示。

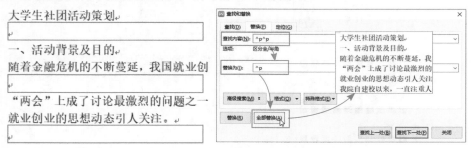

图 2-20

使用查找替换功能，还可以批量删除文档中的文字。打开"查找和替换"对话框，在"查找内容"文本框中输入需要删除的文字，在"替换为"文本框中不输入任何内容，单击"全部替换"按钮，如图2-21所示，即可批量删除文档中的"违约金"文字内容。

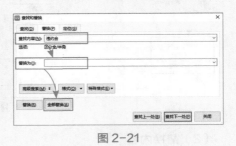

图 2-21

2.3 设置文档页面

为了文档的美观，需要设置文档的页面，例如为文档页面设置填充背景、为页面设置边框、添加水印、设置稿纸效果等。

2.3.1 填充页面背景

用户可以为文档页面填充纯色背景、渐变背景、纹理背景、图案背景以及图片背景。

（1）填充纯色背景

在"页面布局"选项卡中单击"背景"下拉按钮，从列表中选择合适的颜色，即可为文档页面填充纯色背景，如图2-22所示。

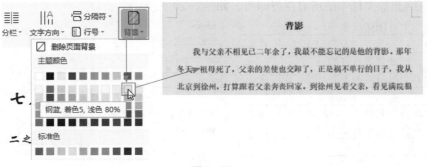

图 2-22

（2）填充渐变背景

在"背景"列表中选择"其他背景"选项，并从其级联菜单中选择"渐变"选项，打开"填充效果"对话框，在"渐变"选项卡中设置"颜色""底纹样式""变形"等，单击"确定"按钮，即可为文档页面填充渐变背景，如图2-23所示。

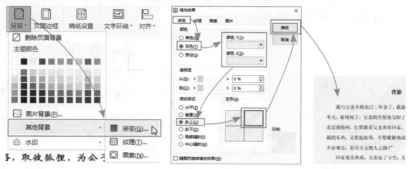

图 2-23

（3）填充纹理或图案背景

在"背景"列表中选择"其他背景"选项，并从其级联菜单中选择"纹理"选项，打开"填充效果"对话框，在"纹理"选项卡中选择合适的纹理效果，单击"确定"按钮，即可为文档页面填充纹理背景，如图2-24所示。

在"填充效果"对话框中选择"图案"选项卡，并选择合适的图案样式，设置前景颜色和背景颜色，单击"确定"按钮，即可为文档页面填充图案背景，如图2-25所示。

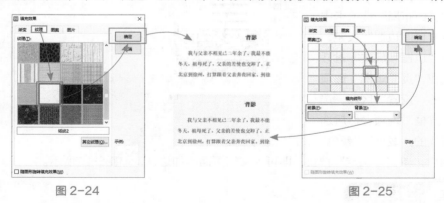

图 2-24　　　　　　　　　　　　　　　图 2-25

办公小课堂

用户在"背景"列表中选择"删除页面背景"选项，可以删除为文档页面填充的背景。

（4）填充图片背景

在"背景"列表中选择"图片背景"选项，打开"填充效果"对话框，在"图片"选项卡中单击"选择图片"按钮，打开"选择图片"对话框，从中选择合适的图片，单击"打开"按钮，返回"填充效果"对话框，直接单击"确定"按钮，即可为文档页面填充图片背景，如图2-26所示。

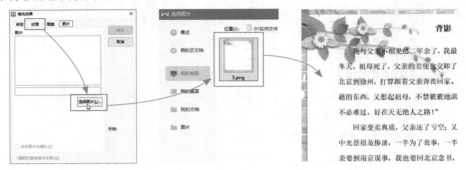

图 2-26

2.3.2　设置页面边框

扫一扫 看视频

为文档页面设置边框，可以使整个文档页面看起来更加赏心悦目。在"页面布局"选项卡中单击"页面边框"按钮，打开"边框和底纹"对话框，在"页面边框"选项卡中的"设置"区域，选择"方框"选项，然后选择需要的"线型""颜色""宽度"，单击"确定"按钮，即可为文档页面添加边框，如图2-27所示。

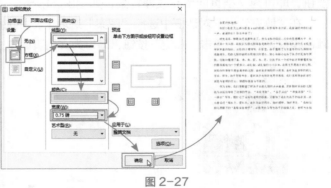

图 2-27

技巧延伸

如果用户想要删除为文档页面添加的边框，则在"边框和底纹"对话框中的"页面边框"选项卡中选择"无"选项即可。

用户也可以为文档页面设置一个艺术边框。在"边框和底纹"对话框的"页面边框"选项卡中，单击"艺术型"下拉按钮，从列表中选择合适的艺术效果，并设置"宽度",单击"确定"按钮,即可为文档页面添加艺术边框,如图2-28所示。

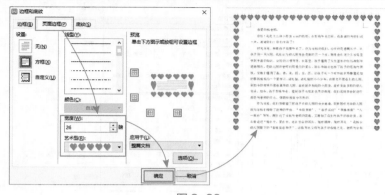

图 2-28

2.3.3 添加水印

扫一扫 看视频

为文档添加水印,可以防止他人随意复制或使用文档内容。用户
可以添加系统提供的预设水印样式或自定义水印样式。

(1)添加预设水印

在"插入"选项卡中单击"水印"下拉按钮,从列表中选择"预设水印"选项下
的水印样式即可,如图2-29所示。

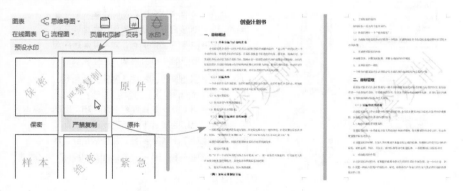

图 2-29

(2)添加自定义水印

在"水印"列表中选择"插入水印"选项,打开"水印"对话框,如图2-30所
示。勾选"图片水印"复选框,并进行相关操作,可以为文档添加一个图片水印。勾
选"文字水印"复选框,然后进行相关设置,可以为文档添加设置的文字水印。

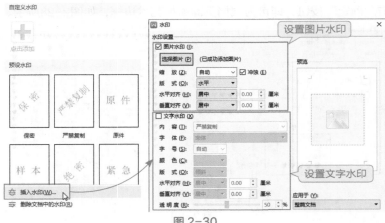

图 2-30

2.3.4　设置稿纸效果

如果用户想要将文档页面制作成作文纸的样式，则可以为文档设置稿纸效果。在"页面布局"选项卡中单击"稿纸设置"按钮，打开"稿纸设置"对话框，从中勾选"使用稿纸方式"复选框，然后在"规格"列表中选择需要的字数，在"网格"列表中选择网格类型，在"颜色"列表中选择合适的网格颜色，接着在"换行"选项中勾选"按中文习惯控制首尾字符"复选框，单击"确定"按钮即可，如图2-31所示。

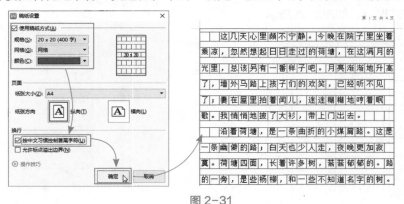

图 2-31

2.4
审阅与修订文档

文档制作完成后，一般需要对文档进行审阅，例如校对文档、在文档中添加批注、修订文档等。

2.4.1　批注文档

对文档进行检查时，如果对某些内容有疑问或建议，可以为其添加批注。选择需要添加批注的文本内容，在"审阅"选项卡中单击"插入批注"按钮，在文档右侧弹出一个批注框，在其中输入相关内容即可，如图2-32所示。

图 2-32

如果想要隐藏批注，则可以单击"显示标记"下拉按钮，从列表中取消对"批注"选项的勾选即可，如图2-33所示。

用户需要将批注删除，那么单击"删除"下拉按钮，从列表中选择"删除批注"或"删除文档中的所有批注"选项即可，如图2-34所示。

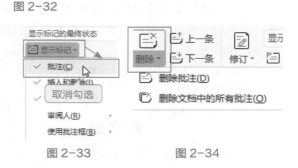

图 2-33　　　　　　图 2-34

办公小课堂

用户可以更改批注的颜色，只需要单击"文件"按钮，从列表中选择"选项"，打开"选项"对话框，选择"修订"选项，在右侧单击"批注颜色"下拉按钮，从列表中选择合适的颜色即可，如图2-35所示。

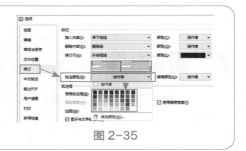

图 2-35

2.4.2　修订文档

若文档中存在需要修改的地方，则可以使用"修订"功能进行修改，这样可以使原作者明确哪些地方进行了改动。在"审阅"选项卡中单击"修订"按钮，使其呈现选中状态，在文档中删除某些内容，删除的文本内容字体颜色发生改变并添加删除线。在文档中添加内容，添加的内容字体颜色发生改变并添加下划线。在文档中修改内容，修改的内容会显示先删除后添加的格式标记，如图2-36所示。

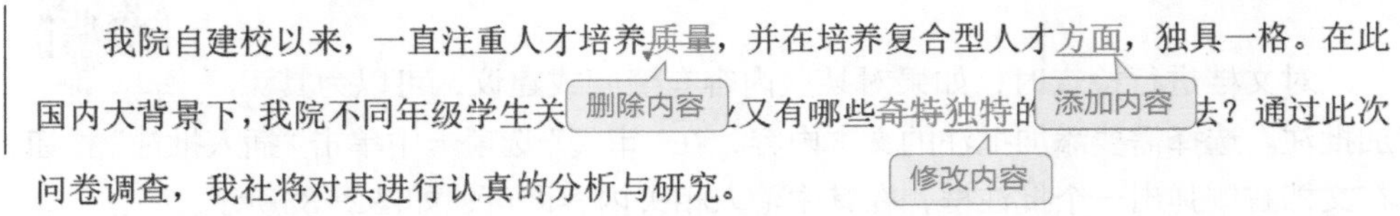

　　我院自建校以来，一直注重人才培养质量，并在培养复合型人才方面，独具一格。在此国内大背景下，我院不同年级学生关 [删除内容] 又有哪些奇特独特的 [添加内容] 法？通过此次问卷调查，我社将对其进行认真的分析与研究。

[修改内容]

图 2-36

　　此外，用户可以更改修订标记的显示方式，单击"显示标记"下拉按钮，从列表中选择"使用批注框"选项，在级联菜单中可以设置"在批注框中显示修订内容""以嵌入方式显示所有修订"和"在批注框中显示修订者信息"，如图2-37所示。

　　若原作者接受修改内容，则单击"接受"下拉按钮，从中根据需要选择合适的选项；若不接受修改内容，则单击"拒绝"下拉按钮，从列表中选项相应的选项即可，如图2-38所示。

图 2-37　　　　　　　　　　　　　　　图 2-38

技巧延伸

　　当用户不再需要对文档进行修订时，再次单击"修订"按钮，取消其选中状态即可。

2.4.3　校对文档

　　为了保证文档中没有拼写错误，需要对文档进行拼写检查，并且根据需要统计文档中的字数信息。

（1）拼写检查

　　在"审阅"选项卡中单击"拼写检查"按钮，打开"拼写检查"对话框，在"检查的段落"文本框中错误的拼写用红色字体和下划线标示出来。在"更改建议"文本

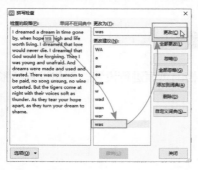

框中选择正确的拼写，单击"更改"按钮即可，如图2-39所示。

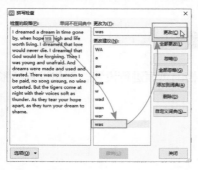

图 2-39

用户可以在输入的时候进行拼写检查，只需要打开"选项"对话框，选择"拼写检查"选项，在右侧勾选"输入时拼写检查"复选框即可，如果在文档中输入错误的拼写时，会在单词下方显示红色波浪线，如图2-40所示。

（2）字数统计

在"审阅"选项卡中单击"字数统计"按钮，在"字数统计"对话框中可以查看文档的页数、字数、字符数、段落数等信息，如图2-41所示。

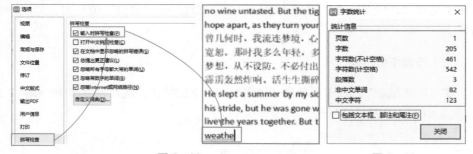

图 2-40   图 2-41

办公小课堂

如果用户需要快速对文档内容进行专业校对，精准解决错词遗漏现象，则可以使用"文档校对"功能。在"审阅"选项卡中单击"文档校对"按钮，登录账号后弹出"WPS文档校对"窗格，单击"开始校对"按钮，如图2-42所示，进行校对操作即可。

图 2-42

页面设置

为了使制作的文档符合要求，通常需要对文档的页面进行设置，例如设置纸张大小和方向、调整页边距等。

2.5.1　设置纸张大小和方向

WPS系统内置了多种纸张类型，用户可以根据需要选择合适的纸张大小，并可以将纸张方向设置为"横向"或"纵向"。

（1）设置纸张大小

在"页面布局"选项卡中单击"纸张大小"下拉按钮，从列表中选择合适的纸张类型即可，如图2-43所示。

此外，想要自定义纸张大小，则在"纸张大小"列表中选择"其它页面大小"选项，打开"页面设置"对话框，在"纸张"选项卡中单击"纸张大小"下拉按钮，从列表中选择"自定义大小"选项，然后设置"宽度"和"高度"值即可，如图2-44所示。

（2）设置纸张方向

在"页面布局"选项卡中单击"纸张方向"下拉按钮，从列表中选择"横向"或"纵向"即可，如图2-45所示。

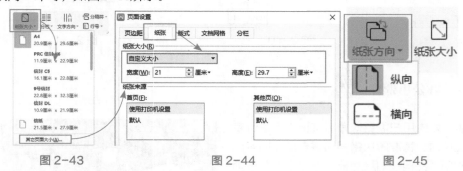

图 2-43　　　　　　　　图 2-44　　　　　　　　图 2-45

2.5.2　调整页边距

用户需要设置本节文档内容或整篇文档内容与页面之间的距离，则可以在"页面布局"选项卡中单击"页边距"下拉按钮，从列表中选择内置的页边距即可，如图

2-46所示。

　　或者在"页边距"列表中选择"自定义页边距"选项，打开"页面设置"对话框，在"页边距"选项卡中设置"上""下""左""右"页边距，如图2-47所示。

图 2-46　　　　　　　　　　　　　　图 2-47

制作员工处罚通告

　　公司员工犯了不可原谅的错误后，为了以示警诫，通常会发布一个公司处罚通告。下面就利用本章所学知识点，制作员工处罚通告。

步骤01　新建一个空白文档，在"页面布局"选项卡中单击"纸张大小"下拉按钮，从列表中选择"16开"选项，如图2-48所示；并在其中输入相关内容，如图2-49所示。

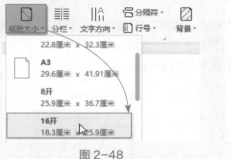

图 2-48　　　　　　　　　　　　　　图 2-49

步骤02　选择标题"员工处罚通告"文本，在"开始"选项卡中，将"字体"设置为"微软雅黑"，将"字号"设置为"小二"，加粗显示，接着打开"段落"对话框，将"对齐方式"设置为"居中对齐"，将"段后"间距设置为"1行"，如图2-50所示。

步骤03　选择正文内容，在"开始"选项卡中，将"字体"设置为"宋体"，将"字号"设置为"五号"，并且加粗显示结尾部分的文本内容，然后将其设置为右对齐，如图2-51所示。

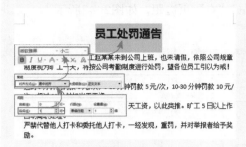

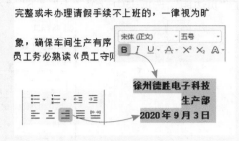

图 2-50　　　　　　　　　　　　　　　图 2-51

步骤 04 再次选择正文内容，打开"段落"对话框，将"行距"设置为"1.5倍行距"，如图2-52所示。然后选择其他文本内容，在"开始"选项卡中单击"文字工具"下拉按钮，从列表中选择"段落首行缩进2字符"选项，如图2-53所示。将段落设置为首行缩进，按照同样的方法，为其他段落设置首行缩进。

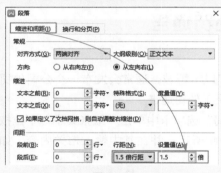

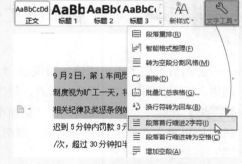

图 2-52　　　　　　　　　　　　　　　图 2-53

步骤 05 选择文本，在"开始"选项卡中单击"编号"下拉按钮，从列表中选择合适的编号样式，如图2-54所示，即可为所选文本添加编号。

至此，员工处罚通告制作完成，最终效果如图2-55所示。

图 2-54　　　　　　　　　　　　　　　图 2-55

制作复工通知书

通过前面知识点的学习，相信大家已经掌握了文档的一些基本操作，下面就综合利用所学知识点制作一个"复工通知书"，效果如图2-56所示。

操作提示

❶ 新建空白文档，将"上""下""左""右"页边距设置为"2厘米"。

❷ 输入相关内容，并将标题的字体格式设置为"微软雅黑"、"20"号、加粗显示；将段落格式设置为"居中对齐"、段后"1行"。

❸ 将正文的字体格式设置为"宋体""小四"；将段落格式设置为"1.5倍行距""首行缩进2字符"。

❹ 为正文内容添加编号，并设置合适的背景颜色。

复工通知书

各位同事，大家好：

　　受新型冠状病毒疫情的影响，基于国务院和上海市政府关于迟延复工的规定，经公司管理层讨论，我司决定自3月10日9:00起复工。请各位同事在3月9日17:00前以微信或邮件的形式回复可否正常复工，不能复工的，同时在微信或邮件中履行相应的报备手续。

　　因下述情形不能复工的，请根据不同情况履行报备手续：

1. 因当地政府采取交通管制或集中隔离的，请提供经当地政府、村委会、居委会等盖章的相关文件。

2. 因疑似或确诊感染新型冠状病毒进行隔离治疗的，提供医院出具的相关挂号单据、病历本、检查报告、住院证明、隔离证明等。

3. 因有相关流行病学史(包括从湖北等重点地区返沪，途经重点地区，曾与重点地区发热或呼吸道症状人员有接触史、曾与新型冠状病毒感染的肺炎病例有接触史)需居家离14天的，尽可能向公司提供相关旅居、出行记录、接触情况等。

4. 因发热、乏力、干咳、腹泻等症状正在就医检查的，请提供挂号费单据、病历本、检查报告、病假单等。

　　同时为保障员工的健康安全，我司将对办公室做好每日消毒保障工作，也请各位复工同事做好个人防护工作，公司将与各位员工一同抗击疫情，共渡难关！

以上，请各位同事及时回复，避免违纪！

人事部联系方式:162XXXX1201

联系人:XX

电话:XX

邮箱:XX

德胜科技公司

2020年3月8日

图 2-56

第3章

锦上添花的秘密

WPS文字文档虽然主要用来编辑文字，但用户还可以在文档中插入其他元素，例如表格、图片、文本框等，制作出更加高级的文档效果。本章将对表格的使用、图片的插入和编辑、文本框的应用以及二维码的生成等进行详细介绍。

文档中的表格

在WPS文档中，用户不仅可以输入文字，还可以插入表格，并且对表格进行相关编辑，例如拆分与合并表格、设置表格属性、设置表格样式等。

3.1.1　插入表格

插入表格的方法有多种，用户可以通过滑动鼠标插入表格、通过对话框插入以及绘制表格。

（1）滑动鼠标插入

在"插入"选项卡中单击"表格"下拉按钮，在弹出的面板中滑动鼠标，选取需要的行列数，即可插入相应的表格，如图3-1所示。通过滑动鼠标只能插入8行17列以内的表格。

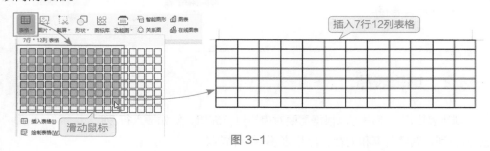

图 3-1

（2）使用对话框插入

在"表格"列表中选择"插入表格"选项，打开"插入表格"对话框，在"列数"和"行数"数值框中输入需要的数值，单击"确定"按钮即可创建表格，如图3-2所示。

此外，在"插入表格"对话框中，如果选择"固定列宽"选项，则可以为列宽指定一个固定值，按照指定的列宽创建表格。

（3）绘制表格

在"表格"列表中选择"绘制表格"选项，鼠标光标变为铅笔形状，按住鼠标左键不放，拖动鼠标绘制表格即可，如图3-3所示。绘制好后按【Esc】键退出。

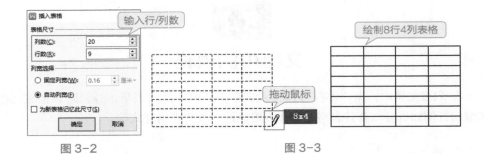

图 3-2　　　　　　　　　　　　　图 3-3

办公小课堂

　　如果需要插入内容型表格，则在"表格"列表中单击"插入内容型表格"选项下的"更多"按钮，打开一个窗格，在该窗格中系统提供了多种在线表格类型，用户可以选择需要的表格类型，单击"插入"按钮，如图3-4所示。登录账号后，即可插入所选表格。

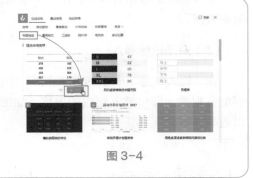

图 3-4

3.1.2　编辑表格

扫一扫 看视频

　　创建表格后，用户可以根据需要对表格进行编辑，例如插入行/列、删除行/列、调整行高和列宽、合并/拆分单元格等。

（1）插入行/列

　　选择行，在"表格工具"选项卡中单击"在上方插入行"按钮，即可在所选行的上方插入一行，如图3-5所示。同理，单击"在下方插入行"按钮，可以在所选行下方插入一行。

项目	价值（元）	年折旧（元）
工具和设备		
交通工具		
办公家具和设备		
店铺		
厂房		
土地		

项目	价值（元）	年折旧（元）
工具和设备		
交通工具		
办公家具和设备		
店铺		
厂房		

图 3-5

　　选择列，在"表格工具"选项卡中单击"在左侧插入列"按钮，即可在所选列的左侧插入一列，如图3-6所示。同理，单击"在右侧插入列"按钮，可以在所选列的右侧插入一列。

项目	价值（元）	年折旧（元）
工具和设备		
交通工具		
办公家具和设备		
店铺		
厂房		
土地		

在上方插入行　在左侧插入列
在下方插入行　在右侧插入列

	项目	价值（元）	年折旧（元）
	工具和设备		
	交通工具		
	办公家具和设备		
	店铺		
	厂房		
	土地		

图 3-6

（2）删除行/列

选择需要删除的行，在"表格工具"选项卡中单击"删除"下拉按钮，从列表中选择"行"选项即可，如图3-7所示。

选择需要删除的列，单击"删除"下拉按钮，从列表中选择"列"选项即可，如图3-8所示。

项目	价值（元）	年折旧（元）
工具和设备		
交通工具		
办公家具和设备		
店铺		
厂房		
土地		
合计		

删除　　在上
汇总　在下
单元格(D)...
列(C)
行(R)
表格(T)

图 3-7

项目	价值（元）	年折旧（元）
工具和设备		
交通工具		
办公家具和设备		
店铺		
土地		
合计		

删除　　在上
汇总　在下
单元格(D)...
列(C)
行(R)
表格(T)

图 3-8

（3）调整行高和列宽

将光标移至行下方分割线上，当鼠标光标变为 ↕ 形状时，按住鼠标左键不放，拖动鼠标，如图3-9所示，即可调整行高。

将光标移至列右侧分割线上，当鼠标光标变为 ‖ 形状时，按住鼠标左键不放，拖动鼠标，如图3-10所示，即可调整列宽。

项目	费用（元）	备注
业主的工资		
雇员工资		
租金		
营销费用		
公用事业费		
维修费		

调整行高

项目	费用（元）	备注
业主的工资		
雇员工资		
租金		
营销费用		
公用事业费		
维修费		

调整列宽

图 3-9　　　　　　　　　图 3-10

技巧延伸

用户可以将光标插入单元格中，在"表格工具"选项卡中，单击"高度"和"宽度"数值框的减号和加号按钮，如图3-11所示，可以微调单元格所在行的行高和所在列的列宽。

图 3-11

（4）合并/拆分单元格

选择需要合并的单元格，在"表格工具"选项卡中单击"合并单元格"按钮，即可将选择的多个单元格合并成一个单元格，如图3-12所示。

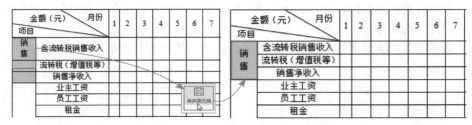

图 3-12

将光标插入需要拆分的单元格中，在"表格工具"选项卡中单击"拆分单元格"按钮，打开"拆分单元格"对话框，在"列数"和"行数"数值框中输入需要拆分的行列数，单击"确定"按钮，即可将所选单元格拆分成多个单元格，如图3-13所示。

图 3-13

3.1.3 拆分与合并表格

扫一扫 看视频

拆分表格就是将文档中的表格拆分为两个表格，通常是按行拆分表格；而合并表格就是将两个表格合并成一个。

（1）拆分表格

将光标插入一行内，在"表格工具"选项卡中单击"拆分表格"下拉按钮，从列表中选择"按行拆分"选项，即可将一个表格拆分成上下两个，如图3-14所示，并且光标所在的行成为新表格的首行。

图 3-14

（2）合并表格

合并表格只需要将光标插入两个表格之间的空白处，按【Delete】键即可，如图3-15所示。

图 3-15

技巧延伸

用户将光标插入一行内，按【Ctrl+Shift+Enter】组合键，可以快速拆分表格。

3.1.4 设置表格样式

表格默认的样式不是很美观，用户可以为表格套用系统内置的样式或自定义表格的样式来美化表格。

（1）套用内置样式

选择表格，在"表格样式"选项卡中单击"其他"下拉按钮，从列表中选择合适的样式，即可为表格套用所选样式，如图3-16所示。

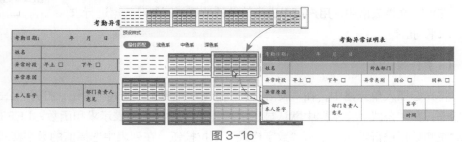

图 3-16

（2）自定义样式

选择表格，在"表格样式"选项卡中设置"线型""线型粗细"和"边框颜色"，单击"边框"下拉按钮，从列表中选择合适的选项，这里选择"外侧框线"选项，即可将设置的边框样式应用到表格的外边框上。按照同样的方法设置边框样式，然后将其应用到表格的内部框线上，如图3-17所示。

图 3-17

设置好边框样式后，光标变为铅笔形状，在表格的边框上单击并拖动鼠标，即可将边框样式应用到该边框上，如图3-18所示。

图 3-18

办公小课堂

用户还可以为表格设置填充底纹，只需要选择单元格，在"表格样式"选项卡中单击"底纹"下拉按钮，从列表中选择合适的颜色即可，如图3-19所示。

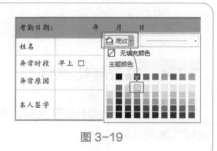

图 3-19

3.1.5 计算表格中的数据

扫一扫 看视频

在WPS文档表格中，用户可以进行简单的计算，例如对数据进行求和、求平均值等。

（1）计算和值

将光标插入单元格中，在"表格工具"选项卡中单击"公式"按钮，打开"公式"对话框，在"公式"文本框中默认显示求和公式，其中SUM表示求和函数，LEFT表示对左侧数据进行求和。单击"数字格式"下拉按钮，在列表中选择值的数字格式，单击"确定"按钮，即可计算出"总销售额"，然后使用【F4】键，将公式复制到其他单元格中，如图3-20所示。

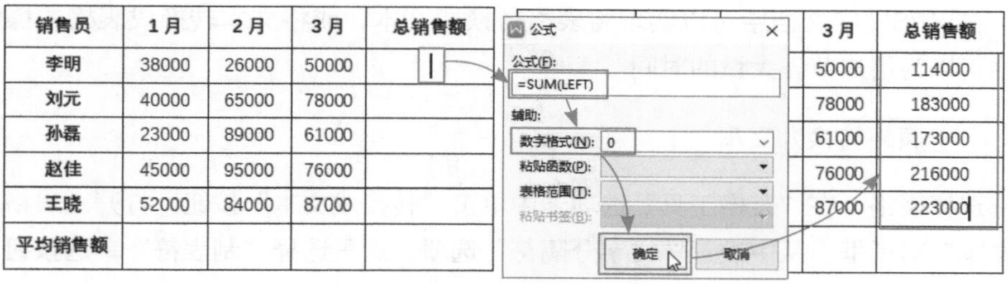

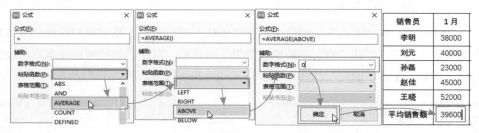

图 3-20

（2）计算平均值

将光标插入单元格中，打开"公式"对话框，删除"公式"文本框中默认显示的公式，单击"粘贴函数"下拉按钮，从列表中选择函数类型，这里选择平均函数，单击"表格范围"下拉按钮，从列表中选择计算范围，这里选择"ABOVE",其中"ABOVE"表示计算上方数据，"LEFT"表示计算左侧数据，"RIGHT"表示计算右侧数据，"BELOW"表示计算下方数据。设置"数字格式"后，单击"确定"按钮，即可计算出"平均销售额"，如图3-21所示。

图 3-21

技巧延伸

WPS还为用户提供了"快速计算"功能，选择需要计算的数据，在"表格工具"选项卡中单击"快速计算"下拉按钮，从列表中选择需要计算的类型，这里选择"平均值"选项，即可快速求出数据的平均值，如图3-22所示。

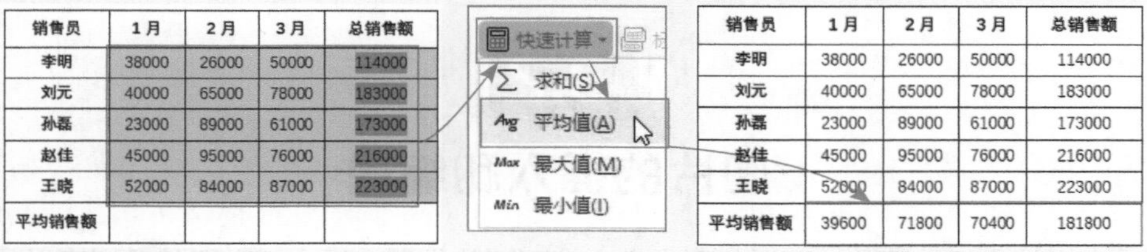

图 3-22

3.1.6 表格/文本互相转换

在WPS文字文档中可以实现将表格转换成文本，或将文本转换成表格的操作，这样可以为用户节省大量的时间。

（1）表格转换为文本

选择表格，在"表格工具"选项卡中单击"转换成文本"按钮，打开"表格转换成文本"对话框，从中设置"文字分隔符"选项，这里选择"制表符"单选按钮，单击"确定"按钮，即可将表格转换成文本，如图3-23所示。

销售员	1月	2月	3月	总销售额
李明	38000	26000	50000	114000
刘元	40000	65000	78000	183000
孙磊	23000	89000	61000	173000
赵佳	45000	95000	76000	216000
王晓	52000	84000	87000	223000
平均销售额	39600	71800	70400	181800

图 3-23

（2）文本转换为表格

选择文本，在"插入"选项卡中单击"表格"下拉按钮，从列表中选择"文本转换成表格"选项，打开"将文字转换成表格"对话框，系统会根据所选文本自动设置相应的参数，单击"确定"按钮，即可将文本转换成表格，如图3-24所示。

销售员	1月	2月	3月	总销售额
李明	38000	26000	50000	114000
刘元	40000	65000	78000	183000
孙磊	23000	89000	61000	173000
赵佳	45000	95000	76000	216000
王晓	52000	84000	87000	223000
平均销售额	39600	71800	70400	181800

图 3-24

3.2
图片的插入和编辑

在文档中插入图片，可以起到丰富文档页面的作用，用户插入图片后还可以对图片进行相关编辑，例如调整图片大小、设置图片环绕方式、裁剪图片、美化图片等。

3.2.1　插入图片

在文档中用户不仅可以插入本地图片，还可以插入手机中的图片或扫描仪中的图片。

（1）插入本地图片

在"插入"选项卡中单击"图片"下拉按钮，从列表中选择"本地图片"选项，打开"插入图片"对话框，选择需要的图片，如图3-25所示。单击"打开"按钮，即可将图片插入文档中。

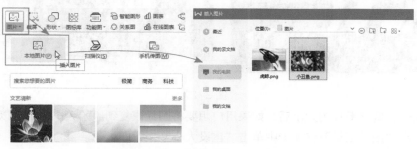

图 3-25

（2）插入手机图片

在"图片"列表中选择"手机传图"选项，弹出一个"插入手机图片"窗格，使用手机扫描二维码，连接手机，选择手机中的图片，双击图片，如图3-26所示，即可将手机中的图片插入到文档中。

图 3-26

办公小课堂

在"图片"列表中选择"扫描仪"选项，连接扫描仪后，可以将扫描的图片插入文档中。

3.2.2 调整图片大小

插入图片后，会出现图片过大或过小的情况，用户需要对图片的大小进行调整。选择图片，将鼠标光标移至图片右下角控制点上，按住鼠标左键不放，拖动鼠标，即可等比例调整图片大小，如图3-27所示。

图 3-27

此外，调整图片的大小后，如果用户想要将图片恢复到原始大小，则可以选择图片后，在"图片工具"选项卡中单击"重设大小"按钮即可。

技巧延伸

选择图片后，在"图片工具"选项卡中，通过设置"高度"和"宽度"的值，如图3-28所示，也可以等比例调整图片大小。

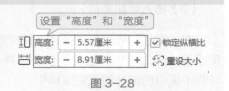

图 3-28

3.2.3 裁剪图片

如果发现图片的某些部分不是很美观，则可以将其裁剪掉。选择   扫一扫 看视频
图片，在"图片工具"选项卡中单击"裁剪"按钮，图片周围出现8个裁剪点，将鼠标光标放在裁剪点上，按住鼠标左键不放，拖动鼠标，设置裁剪区域，设置好后按【Enter】键确认裁剪，如图3-29所示。

图 3-29

此外，用户还可以将图片按形状裁剪和按比例裁剪。选择图片，在"图片工具"选项卡中单击"裁剪"下拉按钮，从弹出的面板中选择"按形状裁剪"选项，并选择合适的形状，这里选择"椭圆"，可以将图片裁剪成椭圆形。在"裁剪"面板中选择"按比例裁剪"选项，并选择合适的比例，可以将图片按照所选比例进行裁剪，如图3-30所示。

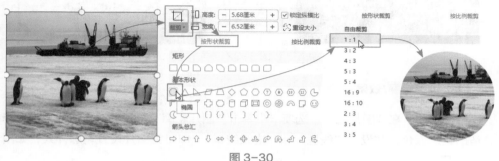

图 3-30

3.2.4　设置图片环绕方式

默认情况下，文档中的图片是以"嵌入型"形式存放的，用户可以将图片设置为其他环绕方式。选择图片，在"图片工具"选项卡中单击"环绕"下拉按钮，从列表中选择一种环绕方式即可，如图3-31所示。

图 3-31

办公小课堂

用户可以将图片按照不同的方向进行旋转或翻转，只需要选择图片后，单击"旋转"下拉按钮，从列表中选择需要的选项即可。

3.2.5　美化图片

扫一扫 看视频

在文档中插入图片后，为了使图片看起来更加美观，可以设置图片的亮度/对比度以及图片的轮廓/效果。

（1）设置亮度/对比度

选择图片，在"图片工具"选项卡中，单击"增加亮度"按钮，可以增加图片的亮度；单击"降低亮度"按钮，可以降低图片的亮度。单击"增加对比度"按钮，可以增加图片对比度；单击"降低对比度"按钮，可以降低图片对比度，如图3-32

所示。

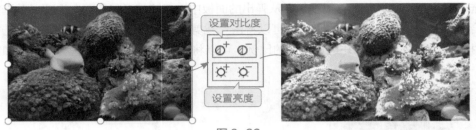

图 3-32

（2）设置轮廓/效果

选择图片，在"图片工具"选项卡中单击"图片轮廓"下拉按钮，从列表中选择合适的轮廓颜色，并设置"线型"和"虚线线型"，即可为图片设置轮廓样式，如图3-33所示。

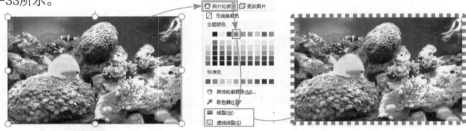

图 3-33

单击"图片效果"下拉按钮，从列表中可以为图片设置"阴影""倒影""发光""柔化边缘""三维旋转"等效果，这里选择"阴影"选项，并在其级联菜单中选择合适的阴影效果即可，如图3-34所示。

图 3-34

技巧延伸

用户还可以更改所选图片的颜色，只需要在"图片工具"选项卡中单击"颜色"下拉按钮，在列表中可以将图片的颜色调整为灰度、黑白和冲蚀，如图3-35所示。

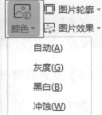

图 3-35

文本框的应用

除了在文档中插入图片外，用户还可以在文档中使用文本框，以便灵活地对文字内容进行排版。

3.3.1 插入文本框

WPS为用户提供了几种预设文本框，包括横向、竖向和多行文字。在"插入"选项卡中单击"文本框"下拉按钮，从列表中选择需要的选项，鼠标光标变为十字形，按住鼠标左键不放，拖动鼠标，即可绘制文本框，如图3-36所示。绘制好文本框后，光标自动插入文本框中，输入相关内容即可。

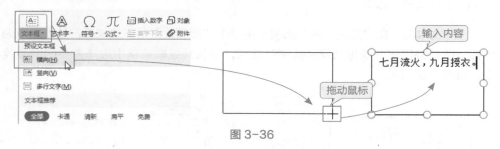

图 3-36

3.3.2 编辑文本框

扫一扫 看视频

绘制的文本框，默认带有黑色轮廓和无填充颜色。用户可以根据需要设置文本框的填充颜色、轮廓样式和形状效果。

（1）设置填充颜色

选择文本框，在"绘图工具"选项卡中单击"填充"下拉按钮，从列表中选择合适的颜色即可，如图3-37所示。

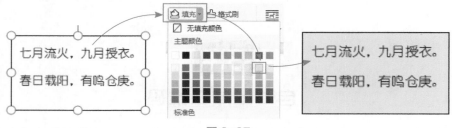

图 3-37

（2）设置轮廓样式

选择文本框，在"绘图工具"选项卡中单击"轮廓"下拉按钮，从列表中选择合适的轮廓颜色以及线型和虚线线型，如图3-38所示。

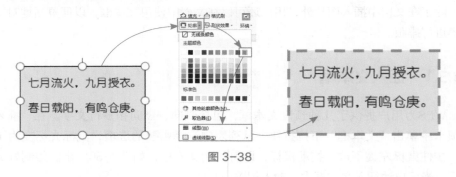

图3-38

（3）设置形状效果

选择文本框，在"绘图工具"选项卡中单击"形状效果"下拉按钮，从列表中选择合适的效果即可，这里选择"倒影"选项，并从其级联菜单中选择需要的倒影效果，如图3-39所示。

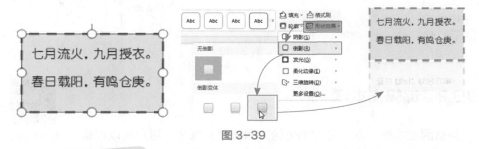

图3-39

办公小课堂

在文档中插入文本框后，通常将文本框的填充颜色设置为"无填充颜色"，将文本框的轮廓设置为"无线条颜色"。

自动生成二维码

在WPS文字文档中可以自动生成二维码，并且可以对二维码进行美化操作，然后根据需要导出二维码。

3.4.1　插入二维码

　　使用WPS提供的"功能图"命令，可以生成一个网址二维码。在"插入"选项卡中单击"功能图"下拉按钮，从列表中选择"二维码"选项，打开"插入二维码"对话框，在"输入内容"文本框中输入一个网址，在对话框的右侧即时生成一个二维码，如图3-40所示。单击"确定"按钮，即可将二维码插入文档中。

图 3-40

3.4.2　美化二维码

　　如果用户觉得二维码的样式不是很美观，则可以在"插入二维码"对话框中对生成的二维码进行美化。在"插入二维码"对话框中打开"颜色设置"选项卡，在该选项卡中可以设置二维码的"前景色""背景色""渐变颜色""渐变方式""定位点颜色"，如图3-41所示。

　　打开"嵌入Logo"选项卡，在该选项卡中单击"点击添加图片"按钮，可以在二维码中嵌入一个Logo图片，并且还可以将Logo图片设置为"圆角""白底"和"描边"效果，如图3-42所示。

　　打开"嵌入文字"选项卡，在文本框中输入文本，单击"确定"按钮，

图 3-41

图 3-42

即可将文字嵌入二维码中，并且可以设置文字的"效果""字号"和"文字颜色"，

如图3-43所示。

打开"图案样式"选项卡，单击"定位点样式"下拉按钮，可以从列表中选择一个合适的定位点样式，如图3-44所示。

打开"其它设置"选项卡，在该选项卡

图 3-43　　　　　图 3-44　　　　　图 3-45

中可以设置二维码的"外边距""纠错等级""旋转角度"和"图片像素"，如图3-45所示。

设置好后单击"确定"按钮，将二维码插入文档中。

3.4.3　导出二维码

将二维码插入文档中后，用户可以根据需要导出二维码。选择二维码，单击鼠标右键，从弹出的快捷菜单中选择"另存为图片"命令，如图3-46所示。打开"另存为图片"对话框，选择二维码的保存位置，单击"保存"按钮，如图3-47所示，即可导出二维码。

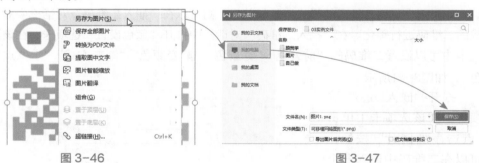

图 3-46　　　　　　　　　　　　　　图 3-47

技巧延伸

如果用户需要清除对二维码的美化设置，则可以在"插入二维码"对话框中，单击"清除设置"选项即可。

制作企业简介

对外宣传企业形象时，一般会简单介绍一下公司业务、经营理念等，下面就利用本章所学知识点来制作企业简介。

步骤 01 新建一个空白文档，在"插入"选项卡中单击"图片"下拉按钮，从列表中选择"本地图片"选项，打开"插入图片"对话框，选择需要的图片，单击"打开"按钮，插入图片。接着在"图片工具"选项卡中单击"环绕"下拉按钮，选择"衬于文字下方"选项，并调整图片的大小，将其放置于页面合适位置，如图3-48所示。

步骤 02 在"插入"选项卡中单击"形状"下拉按钮，从列表中选择"直线"选项，按住【Shift】键不放，拖动鼠标，绘制一条直线，在"绘图工具"选项卡中设置直线的轮廓颜色和线型粗细，如图3-49所示。

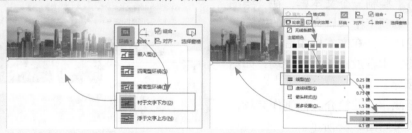

图 3-48　　　　　　　　　　　　　　　　图 3-49

步骤 03 在"插入"选项卡中单击"文本框"下拉按钮，从列表中选择"横向"选项，绘制一个文本框，并在其中输入文本内容，然后设置文本的字体格式，选择文本框，在"绘图工具"选项卡中，将"填充"设置为"无填充颜色"，将"轮廓"设置为"无线条颜色"，如图3-50所示。

步骤 04 绘制一条直线，打开"绘图工具"选项卡，单击"轮廓"下拉按钮，从列表中选择"矢车菊蓝，着色1"选项，并将直线放置于合适位置，如图3-51所示。

图 3-50　　　　　　　　　　　　　　　　图 3-51

步骤 05 绘制一个文本框，在文本框中输入相关内容，并设置内容的字体格式和段落格式，将文本框的"填充"设置为"无填充颜色"，将"轮廓"设置为"无线条颜色"，如图3-52所示。

步骤 06 在文本框中插入3张图片，调整图片的大小，并将其放置于文本内容的下方，如图3-53所示。

图 3-52

图 3-53

步骤 07 绘制一个文本框，在"绘图工具"选项卡中设置文本框的填充颜色和轮廓，并在文本框中输入相关内容，将文本框放置于页面底端，如图3-54所示。

至此，企业简介文档制作完毕，最终效果如图3-55所示。

图 3-54

图 3-55

制作宣传海报

通过对前面知识点的学习，相信大家已经掌握了文档的美化操作，下面就综合利用所学知识点制作一个"宣传海报"，效果如图3-56所示。

操作提示

❶ 新建空白文档，插入一张图片，将图片的环绕方式设置为"衬于文字下方"，调整图片大小，将其放置于页面顶端。

❷ 绘制一个文本框，输入内容"新型冠状病毒"，设置内容的字体格式，并将文本框设置为"无填充颜色"和"无线条颜色"，将文本框放在图片上方合适位置。

❸ 绘制一个圆角矩形，设置其填充颜色和轮廓，在文本框中输入"病毒简介"，并将文本框放在圆角矩形上方。

❹ 绘制文本框，输入相关内容，设置文本框的"填充"和"轮廓"，将文本框放在"病毒简介"下方位置。

❺ 再次绘制一个圆角矩形，在上方输入"防护措施"，并在下方输入相关内容。

❻ 在文档中插入其他图片，并设置图片的环绕方式，将图片放在页面合适位置。

图 3-56

第4章

文档的高级排版

制作论文、合同、标书类长文档时，用户不仅需要对文档进行美化设置，还需要进行排版。掌握一些排版技巧，可以提高用户的排版效率。本章将对分栏排版、设置页眉与页脚、设置分页与分节、设置标题样式、提取目录等进行详细介绍。

4.1 分栏排版

对文档进行分栏，以便于观看和阅读。用户可以进行自动分栏，也可以根据实际情况自定义分栏，或者对指定部分内容分栏。

4.1.1 自动分栏

用户可以自动将文档内容分为两栏或三栏，在"页面布局"选项卡中单击"分栏"下拉按钮，从列表中选择需要的选项，这里选择"三栏"，即可将文档内容分为3栏，如图4-1所示。

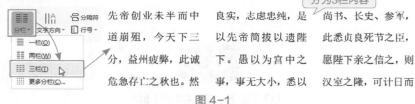

图 4-1

4.1.2 自定义分栏

扫一扫 看视频

如果用户需要将文档内容分为四栏或更多栏，则可以在"分栏"列表中选择"更多分栏"选项，打开"分栏"对话框，在"栏数"数值框

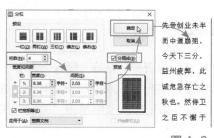

图 4-2

中输入需要设置的栏数，在"宽度和间距"选项，设置栏宽和栏间距，默认情况下，各栏宽是相等的，勾选"分隔线"复选框，可以在栏与栏之间添加一条分隔线，单击"确定"按钮即可，如图4-2所示。

技巧延伸

用户可以根据版式需求设置不同的栏宽，只需要在"分栏"对话框中取消勾选"栏宽相等"复选框，重新设置各栏的宽度和间距即可。

4.1.3 对指定部分内容分栏

当用户不需要对整篇文档内容进行分栏时，而是对某一部分内容进行分栏，可以选择需要分栏的内容，在"页面布局"选项卡中单击"分栏"下拉按钮，从列表中选择合适的选项，即可对指定部分内容进行分栏，如图4-3所示。

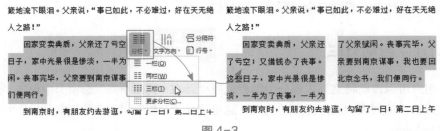

图 4-3

4.2

设置页眉与页脚

对于长篇文档来说，一般需要为其设置页眉或页脚，既方便浏览文档，又能使文档看起来更整齐美观。插入页眉页脚后，用户可以进行相关编辑操作。

4.2.1 编辑页眉与页脚

如果用户需要为文档添加页眉与页脚，则在"插入"选项卡中单击"页眉和页脚"按钮，页眉和页脚进入编辑状态，将光标插入页眉或页脚中，输入页眉内容或页脚内容，如图4-4所示。在"页眉和页脚"选项卡中单击"关闭"按钮，即可退出页眉页脚编辑状态。

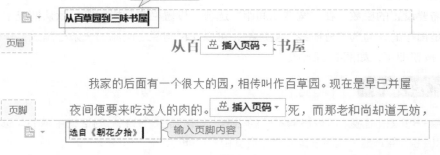

图 4-4

办公小课堂

用户在文档页面上方页眉处双击鼠标，可以
快速进入页眉和页脚编辑状态，如图4-5所示。

图 4-5

4.2.2 插入对象

除了在页眉页脚中输入文本内容外，用户还可以在页眉或页脚中插入日期和时
间、图片、页眉横线等。

（1）插入日期和时间

在页眉处双击鼠
标，进入编辑状态，
打开"页眉和页脚"
选项卡，单击"日期
和时间"按钮，打开
"日期和时间"对话
框，在"可用格式"

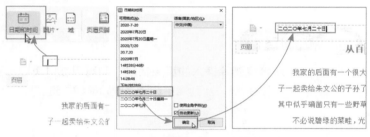

图 4-6

列表框中选择一种日期类型，勾选"自动更新"复选框，单击"确定"按钮，即可在
页眉中插入当前日期和时间，如图4-6所示。

此外，在"日期和时间"对话框中勾选"自动更新"复选框，插入的日期和时间
会随着系统时间的变化而自动更新。

（2）插入图片

将光标插入页眉中，在"页眉和页脚"选项卡中单击"图片"按钮，打开"插入
图片"对话框，选择合适的图片，单击"打开"按钮，即可将图片插入页眉中，如图
4-7所示。

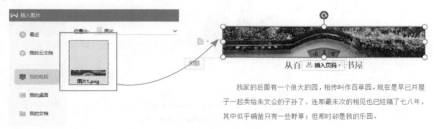

图 4-7

（3）插入页眉横线

将光标插入页眉中，在"页眉和页脚"选项卡中单击"页眉横线"下拉按钮，从列表中选择一种横线类型，即可在页眉中插入一条横线，如图4-8所示，用户可以在横线上方输入内容。

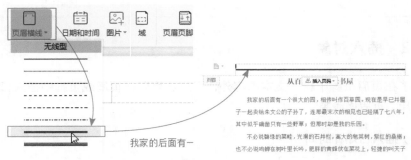

图 4-8

技巧延伸

如果用户想要删除插入的页眉横线，则可以在"页眉和页脚"选项卡中单击"页眉横线"下拉按钮，从列表中选择"删除横线"选项即可。

4.2.3 插入页码

为长篇文档插入页码，可方便浏览与查看。用户可以从首页开始插入页码，也可以从指定位置开始插入页码。

（1）从首页开始插入页码

在"插入"选项卡中单击"页码"下拉按钮，从列表中选择一种合适的预设样式，即可从文档的第一页开始插入页码，插入页码后在"页眉和页脚"选项卡中单击"关闭"按钮即可，如图4-9所示。

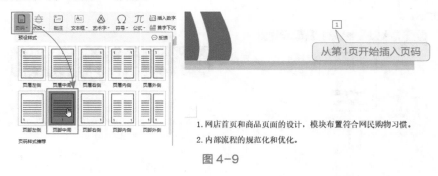

图 4-9

（2）从指定位置开始插入页码

将光标定位至需要插入页码的页面中，在"插入"选项卡中单击"页码"下拉按钮，从列表中选择"页码"选项，打开"页码"对话框，在"样式"列表中选择合适的样式，在"位置"列表中选择页码显示的位置，然后选中"起始页码"单选按钮，并在后面的微调框中输入"1"，选中"本页及之后"单选按钮，单击"确定"

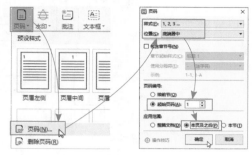

图 4-10

按钮，如图4-10所示，即可从指定位置开始插入页码。

办公小课堂

如果用户需要将页码删除，则可以在页脚处双击鼠标，进入编辑状态，然后单击页码上方的"删除页码"下拉按钮，从列表中根据需要进行选择即可，如图4-11所示。

图 4-11

4.2.4　设置奇偶页不同

在文档中添加的页眉页脚都是统一的格式，如果用户想要在奇数页和偶数页中插入不同的页眉或页脚，则可以设置奇偶页不同。例如，在奇数页页眉中插入图片，在偶数页页眉中插入标题。

扫一扫 看视频

在页眉处双击鼠标，进入编辑状态，在"页眉和页脚"选项卡中单击"页眉页脚选项"按钮，打开"页眉/页脚设置"对话框，从中勾选"奇偶页不同"复选框，单击"确定"按钮，如图4-12所示。

用户可以在奇数页页眉中插入图片，在偶数页页眉中输入标题，如图4-13所示。

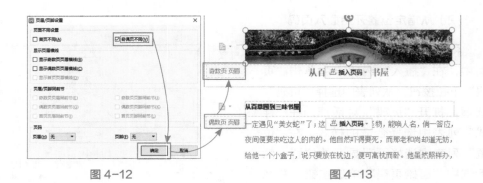

图 4-12　　　　　　　　　　　　　　　　　　　　　　图 4-13

4.2.5　设置首页不同

　　为文档设置首页不同，可以单独设置首页的页眉。在页眉处双击鼠标，进入编辑状态，打开"页眉/页脚设置"对话框，勾选"首页不同"复选框，单击"确定"按钮，如图4-14所示。

　　用户在首页页眉中输入页眉内容，如图4-15所示。该内容只在首页中显示，其他页页眉中不会显示。

图 4-14　　　　　　　　　　　　　　　　　　　　　　图 4-15

设置分页与分节

　　为文档分页后，在分页符之前，无论增加或删除文本，都不会影响分页符之后的内容。为文档分节，可以对同一个文档中的不同区域采用不同的排版方式。

4.3.1　设置分页

　　分页功能属于人工强制分页，即在需要分页的位置插入一个分页符，将一页中的内容分布在两页中。将光标插入需要分页的位置，打开"插入"选项卡，单击"分页"下拉按钮，从列表中选择"分页符"选项，此时，光标之后的文本将会另起一页显示，如图4-16所示。

图 4-16

　　用户将光标插入需要分页的位置。在"页面布局"选项卡中，单击"分隔符"下拉按钮，从列表中选择"分页符"选项，或按【Ctrl+Enter】组合键，也可以为文档分页。

4.3.2　设置分节

　　用户可以通过为文档分节，将同一文档设置不同的页面格式。将光标插入需要分节的位置，打开"页面布局"选项卡，单击"分隔符"下拉按钮，从列表中选择"下一页分节符"选项，即可在光标处对文档进行分节。分节符之后的文本将会另起一页，并以新节的方式显示，如图4-17所示。

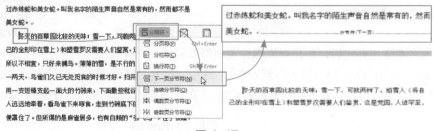

图 4-17

　　此外，在"分隔符"列表中还包括：分栏符、换行符、连续分节符、偶数页分节符和奇数页分节符。

　　● 分栏符：文档中的文字会以光标为分界线，光标之后的文档将从下一栏开始显示。

　　● 换行符：可以使文档中的文字以光标为基准进行分行。同时，该选项也可以分割网页上对象周围的文字，如分割题注文字与正文。

　　● 连续分节符：表示分节符之后的文本与前一节文本处于同一页中，适用于前后文联系比较大的文本。

- 偶数页分节符：表示分节符之后的文本在下一偶数页上进行显示。
- 奇数页分节符：表示分节符之后的文本在下一奇数页上进行显示。

设置标题样式

样式就是文字格式和段落格式的集合。为文档设置标题样式，可以避免对内容进行重复的格式化操作。用户可以使用系统提供的内置样式或新建一个样式。

4.4.1　应用内置样式

扫一扫 看视频

WPS内置了几种标题样式，例如"标题1""标题2""标题3"等。用户可以选择文本，在"开始"选项卡中单击"样式"下拉按钮，从列表中选

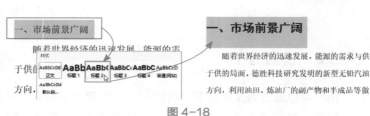

图 4-18

择内置的样式，即可将所选样式应用到文本上，如图4-18所示。

4.4.2　修改样式

扫一扫 看视频

为文本套用样式后，用户可以根据需要修改样式。在样式上单击鼠标右键，从弹出的菜单中选择"修改样式"选项，打开"修改样式"对话框，在该对话框中对样式的字体格式和段落格式进行修改，单击"确定"按钮即可，如图4-19所示。

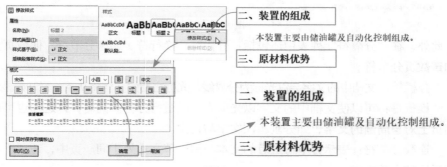

图 4-19

此外，用户也可以在"开始"选项卡中直接修改样式的字体格式和段落格式，如图4-20所示。

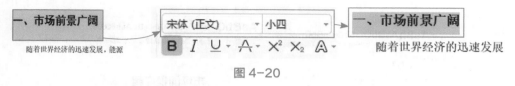

图 4-20

办公小课堂

在"修改样式"对话框中进行设置，可以统一修改文本的样式；而在"开始"选项卡中只能修改所选文本的样式。

4.4.3 新建样式

除了套用WPS提供的内置样式外，用户也可以新建一个样式。在"开始"选项卡中单击"新样式"下拉按钮，从列表中选择"新样式"选项，打开"新建样式"对话框，在"属性"区域可以设置样式的"名称""样式类型""样式基于"和"后续段落样式"，如图4-21所示。

图 4-21

在"格式"区域，单击"格式"按钮，从列表中选择"字体"选项，在打开的"字体"对话框中可以设置样式的字体、字形、字号等，如图4-22所示。

在"格式"列表中选择"段落"选项，在打开的"段落"对话框中可以设置样式的对齐方式、缩进、间距等，如图4-23所示。

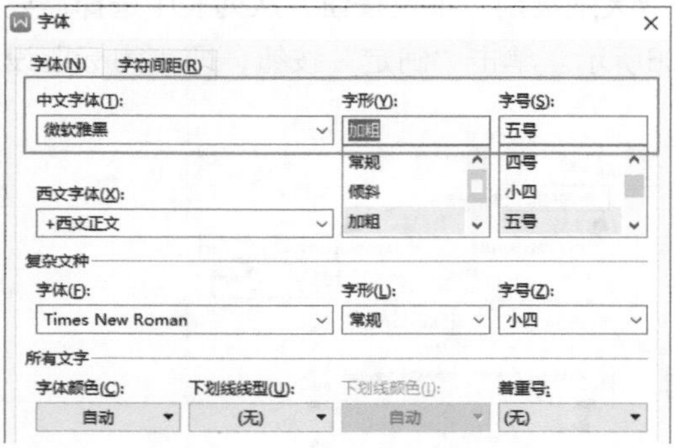

图 4-22

图 4-23

　　新建一个样式后，在"开始"选项卡中单击"样式"下拉按钮，从列表中选择新建的样式，即可为所选文本应用样式，如图4-24所示。

图 4-24

技巧延伸

　　如果用户想要删除新建的样式，则在样式上单击鼠标右键，从弹出的菜单中选择"删除样式"即可，如图4-25所示。

图 4-25

4.5 提取目录

　　对于长篇文档来说，为了方便查看相关内容，需要为文档制作目录，在WPS文字文档中可以直接将目录提取出来。

4.5.1 设置标题大纲级别

扫一扫 看视频

　　用户只有为标题设置了大纲级别，才可以将标题目录提取出来。选择标题文本，单击鼠标右键，从弹出的快捷菜单中选择"段落"命令，打开"段落"对话框，在"缩进和间距"选项卡中单击"大纲级别"下拉按钮，从列表中选择需要的级别即可，这里选择"1级"，如图4-26所示。单击"确定"按钮，即可为标题设置1级大纲级别。

图 4-26

4.5.2　自动提取目录

扫一扫 看视频

为标题设置好大纲级别后，用户可以自动将标题目录提取出来。
在"引用"选项卡中单击"目录"下拉按钮，从列表中选择一种目录样式，即可将标
题目录提取出来，如图4-27所示。

图 4-27

此外，如果用户想要自定义目录，则在"目
录"列表中选择"自定义目录"选项，打开"目
录"对话框，在该对话框中可以设置"制表符前
导符""显示级别""显示页码""页码右对齐"
等，如图4-28所示。

图 4-28

办公小课堂

将目录提取出来后，按【Ctrl】键不放，单击目录标题，可以快速跳转到标题对
应的正文位置。

4.5.3　更新目录

如果用户对正文中的标题进行了修改，则目录中的标题也需要进行相应的更新。
在"引用"选项卡中单击"更新目录"按钮，打开"更新目录"对话框，选择"更新
整个目录"单选按钮，单击"确定"按钮即可，如图4-29所示。

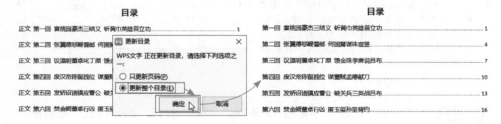

图 4-29

此外，用户也可以将光标插入目录中，在上方单击"更新目录"按钮，如图4-30所示，也可以对目录进行更新。

图 4-30

技巧延伸

如果用户需要删除目录，则单击目录上方的"目录设置"下拉按钮，从列表中选择"删除目录"选项即可。

跟我学　制作网络营销策划书

策划书是对某个未来的活动或者事件进行策划，形成策划方案。下面就利用本章所学知识点，制作网络营销策划书。

步骤01 新建一个空白文档，在文档中输入相关内容，选择所有文本内容，在"开始"选项卡中，将"字体"设置为"宋体"，将字号设置为"小四"，如图4-31所示。

步骤02 保持文本为选中状态，在"开始"选项卡中单击"段落"对话框启动器按钮，打开"段落"对话框，将"行距"设置为"1.5倍行距"，并且为其他文本设置"首行缩进2字符"，如图4-32所示。

图 4-31

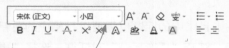

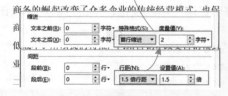

图 4-32

步骤03 在"开始"选项卡中单击"新样式"按钮，打开"新建样式"对话框，将"名称"设置为"标题样式",单击"格式"按钮,从列表中选择"字体"选项,如图4-33所示。打开"字体"对话框,将"中文字体"设置为"微软雅黑",将"字形"设置为"加粗",将"字号"设置为"四号",如图4-34所示。单击"确定"按钮。

图 4-33

图 4-34

步骤 04 返回"新建样式"对话框,再次单击"格式"按钮,从列表中选择"段落"选项,打开"段落"对话框,将"段前"和"段后"间距设置为"6磅",如图4-35所示。单击"确定"按钮,在返回的对话框中直接确认即可。

步骤 05 选择标题文本,在"开始"选项卡中单击"样式"下拉按钮,从列表中选择"标题样式"选项,为所选文本套用新建的样式。然后双击"格式刷"按钮,将样式复制到其他标题文本上,如图4-36所示。

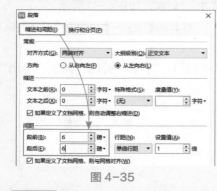

图 4-35

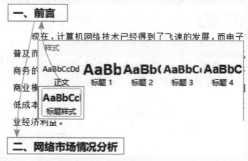

图 4-36

步骤 06 在"插入"选项卡中单击"封面页"下拉按钮,从列表中选择合适的预设封面样式,如图4-37所示,即可在文档中插入一个封面。

步骤 07 将封面中不需要的文本删除,然后更改文本框中的内容即可,如图4-38所示。

图 4-37　　　　　　　　　　　　　　图 4-38

步骤 08 将光标插入"一、前言"文本之前，在"引用"选项卡中单击"目录"下拉按钮，从列表中选择合适的目录样式，如图4-39所示，即可在文档中插入目录，然后设置一下目录的字体格式，如图4-40所示。

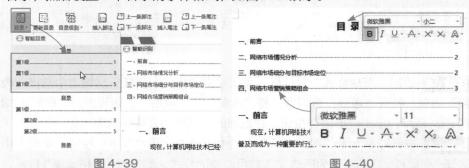

图 4-39　　　　　　　　　　　　　　图 4-40

步骤 09 "插入"选项卡中单击"页眉和页脚"按钮，页眉页脚进入编辑状态，将光标插入页眉中，输入"茶叶网络营销策划书"文本，如图4-41所示。

步骤 10 选中页眉内容，在"开始"选项卡中，对其内容的字体、字号以及对齐方式进行设置，如图4-42所示。

步骤 11 设置完成后，切换到"页眉和页脚"选项卡，单击"关闭"按钮，退出页眉页脚编辑状态，完成页眉的插入操作。

图 4-41　　　　　　　　　　　　　　图 4-42

至此，网络营销策划书制作完成，其效果如图4-43所示。

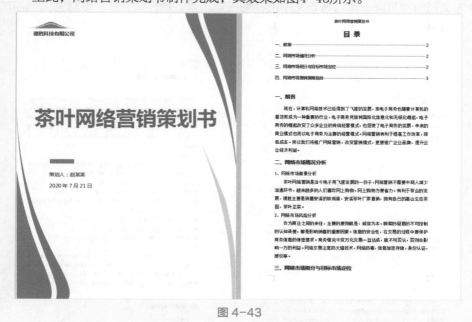

图 4-43

制作项目计划书

通过对前面知识点的学习，相信大家已经掌握了文档的高级排版，下面就综合利用所学知识点制作一个"项目计划书"，如图4-44所示。

操作提示

❶ 新建空白文档，输入相关内容，将标题文本"网上花店项目计划书"的字体格式设置为"微软雅黑""二号""加粗显示"，将段落格式设置为居中对齐、段后间距"1行"。

❷ 将正文的字体格式设置为"宋体""五号"，将段落格式设置为"1.5倍行距""首行缩进2字符"。

❸ 为正文标题套用"标题1"样式，并将样式的字体格式更改为"微软雅黑""四号""加粗"，将段落格式更改为"段前"和"段后"间距"6磅"、"单倍行距"。

然后使用格式刷，将更改后的样式复制到其他标题文本上。

❹ 为文档添加页码，然后将正文中的标题提取出来，制作成目录。最后为文档添加页眉。

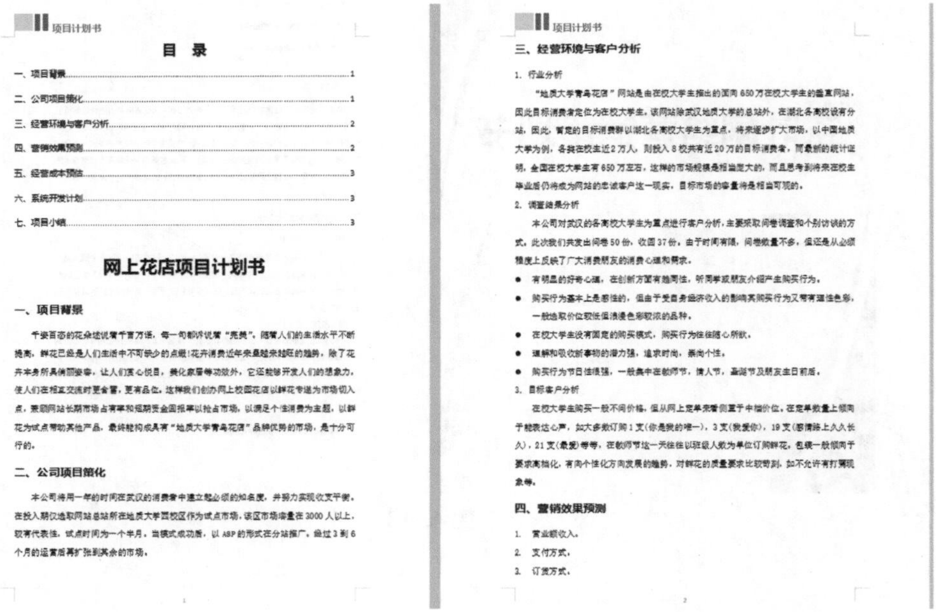
项目计划书

目　录

一、项目背景……1
二、公司项目简化……1
三、经营环境与客户分析……2
四、营销效果预测……2
五、经营成本预估……3
六、系统开发计划……3
七、项目小结……3

网上花店项目计划书

一、项目背景

千姿百态的花朵述说着千言万语，每一句都诉说着“完美”。随着人们的生活水平不断提高，鲜花已经是人们生活中不可缺少的点缀!花卉消费近年来呈越来越旺的趋势，除了花卉本身所具俏丽姿容，让人们赏心悦目，美化家居等功效外，它还能够开发人们的想象力，使人们在相互交流时更含蓄，更有品位，这样我们创办网上校园花店以鲜花专递为市场切入点，兼顾网站长期市场占有率和短期资金回报率以抢占市场，以满足个性消费为主题，以鲜花为试点带动其他产品，最终能构成具有“地质大学青鸟花店”品牌优势的市场，是十分可行的。

二、公司项目简化

本公司将用一年的时间在武汉的消费者中建立起必须的知名度，并努力实现收支平衡。在投入期仅选取网站总站所在地质大学西校区作为试点市场，该区市场容量在 3000 人以上，较有代表性，试点时间为一个半月，当模式成功后，以 ASP 的形式在分站推广，经过 3 到 6 个月的运营后再扩张到其余的市场。

1

项目计划书

三、经营环境与客户分析

1. 行业分析

“地质大学青鸟花店”网站是由在校大学生推出的面向 650 万在校大学生的垂直网站，因此目标消费者定位为在校大学生，该网站除武汉地质大学的总站外，在湖北各高校设有分站，因此，首定的目标消费群以湖北各高校大学生为重点，将来逐步扩大市场，以中国地质大学为例，各拥在校生近 2 万人，则投入 8 校共有近 20 万的目标消费者，而最新的统计证明，全国在校大学生有 650 万左右，这样的市场规模是相当庞大的，而且思考到将来在校生毕业后仍将成为网站的忠诚客户这一现实，目标市场的容量将是相当可观的。

2. 调查结果分析

本公司对武汉的各高校大学生为重点进行客户分析，主要采取问卷调查和个别访谈的方式，此次我们共发出问卷 50 份，收回 37 份，由于时间有限，问卷数量不多，但还是从必须程度上反映了广大消费朋友的消费心理和需求。

- 有明显的好奇心理，在创新方面有趋同性，听同学或朋友介绍产生购买行为。
- 购买行为基本上是感性的，但由于受自身经济收入的影响其购买行为又带有理性色彩，一般选取价位较低但浪漫色彩较浓的品种。
- 在校大学生没有固定的购买模式，购买行为往往随心所欲。
- 理解和吸收新事物的潜力强，追求时尚，崇尚个性。
- 购买行为节日性很强，一般集中在教师节，情人节，圣诞节及朋友生日前后。

3. 目标客户分析

在校大学生购买一般不问价格，但从网上定单来看侧重于中档价位，在定单数量上倾向于能表达心声，如大多数订购 1 支(你是我的唯一)，3 支(我爱你)，19 支(爱情路上久久长久)，21 支(最爱)等等，在教师节这一天往往以班级人数为单位订购鲜花，包装一般倾向于要求高档化，有向个性化方向发展的趋势，对鲜花的质量要求比较苛刻，如不允许有打蔫现象等。

四、营销效果预测

1. 营业额收入。
2. 支付方式。
3. 订货方式。

2

图 4-44

WPS 表格
应用篇

第5章
掌握表格
基础用法

　　WPS表格是一款专业的数据处理软件，它不仅可以记录数据、制作电子表格，更重要的作用是对数据进行统计和分析。灵活地掌握WPS表格的使用方法，能够在很大程度上提高工作效率。本章内容将对WPS表格的基础用法进行详细介绍。

5.1

工作簿与工作表的基本操作

使用WPS表格创建的文件称为工作簿。每个工作簿中包含若干张工作表。工作簿是单独存在的文件，而工作表不能单独存在，只能在工作簿中被创建。

5.1.1　创建与保存工作簿

创建工作簿和保存工作簿是使用表格的过程中最常用的操作之一，操作方法非常简单。

（1）创建工作簿

启动WPS Office，在首页中单击"新建"按钮，如图5-1所示。打开"新建"页面，单击"表格"按钮，选择"新建空白文档"选项，即可新建一个工作簿，如图5-2所示。

图 5-1　　　　　　　　　　　　　　　　图 5-2

（2）保存工作簿

保存工作簿分为两种情况：第一种是保存新建工作簿；第二种是另存为工作簿。

① 保存新建工作簿。新建工作簿后需要将其保存到计算机中的指定位置，以便以后查看和使用。

在新建的工作簿中单击"保存"按钮，如图5-3所示。此时会弹出"另存为"对话框，设置好文件的保存位置、文件名称以及文件类型，如图5-4所示，最后在对话框中单击"保存"按钮即可保存工作簿。

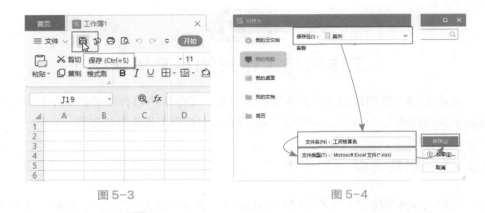

图 5-3   图 5-4

办公小课堂

有时候工作簿名称右侧会出现一个橙色
的小圆点，这说明工作簿中执行了某些编辑
尚未保存，此时只需要执行一次保存操作，
这个小圆点即可消失。除了单击"保存"按
钮外，也可使用【Ctrl+S】组合键保存工作簿，如图5-5所示。

图 5-5

② 另存为工作簿。当用户想获得某个工作簿的备份时可以对该工作簿进行另存
为。下面介绍具体操作方法。

单击"文件"按钮，将光标移动到"另存为"选项上方，在展开的下级列表中选
择文件的类型，如图5-6所示。打开"另存为"对话框，选择好文件的保存位置以及
文件名称，单击"保存"按钮，完成另存为操作，如图5-7所示。

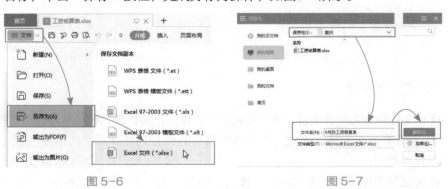

图 5-6   图 5-7

5.1.2 插入及删除工作表

工作表是工作簿中最重要的组成部分，新建的工作簿中只默认包含一张工作表，

即Sheet1工作表，用户可以根据需要在工作簿中插入更多工作表。当不再需要使用某个工作表时也可将该工作表删除。

（1）插入工作表

单击工作表标签右侧的"新建工作表"按钮，如图5-8所示。工作簿中随即被插入一个Sheet2工作表，如图5-9所示。若继续单击"新建工作表"按钮，可继续插入Sheet3、Sheet4、Sheet5······工作表。

图 5-8

图 5-9

（2）删除工作表

右击需要删除的工作表标签，在弹出的菜单中选择"删除工作表"选项，如图5-10所示。所选工作表即可被删除，如图5-11所示。

图 5-10

图 5-11

5.1.3　选择工作表

当工作簿中包含多张工作表时，若想对某个工作表执行操作需要将该工作表选中。若要同时处理多张工作表则要同时选中多张工作表。

（1）选择单个工作表

选择单个工作表非常简单，只需要单击工作表标签即可，如图5-12所示。

（2）选择不相邻工作表

选择多张工作表需要按住【Ctrl】键再依次单击需要选择的工作表标签，如图5-13所示。

图 5-12 图 5-13

（3）选择相邻工作表

先选中一个工作表标签，随后按住【Shift】键，单击另外一个工作表标签，能够将包含这两个工作表在内的相邻工作表全部选中，如图5-14所示。

（4）选择所有工作表

右击任意工作表标签，在弹出的菜单中选择"选定全部工作表"选项，即可选中工作簿中的所有工作表，如图5-15所示。

图 5-14 图 5-15

5.1.4 隐藏和重新显示工作表

暂时不使用的工作表可以先将其隐藏起来，等到需要时再让其重新显示。下面介绍隐藏及取消隐藏工作表的方法。

（1）隐藏工作表

右击需要隐藏的工作表标签，在弹出的菜单中选择"隐藏"选项即可隐藏当前工作表，如图5-16所示。

图 5-16

（2）取消隐藏工作表

右击任意工作表标签，在弹出的菜单中选择"取消隐藏"选项，如图5-17所示。弹出"取消隐藏"对话框，选择需要取消隐藏的工作表，单击"确定"按钮，如图5-18所示。

图 5-17　　　　　　　　　　　　　　图 5-18

5.1.5　移动与复制工作表

移动工作表可以改变工作表在工作簿中的排列顺序，复制工作表则可以快速创建副本。下面介绍如何移动及复制工作表。

（1）移动工作表

选中需要移动位置的工作表，将光标放在工作表标签上方，按住鼠标左键，向目标位置拖动，当目标位置出现一个黑色小三角时松开鼠标，如图5-19所示。所选工作表即可被移动到目标位置，如图5-20所示。

图 5-19　　　　　　　　　　　　　　图 5-20

（2）复制工作表

复制工作表和移动工作表的方法很相似，用户只需要同时按住【Ctrl】键和鼠标左键，向目标位置拖动，如图5-21所示。松开鼠标后即可得到所选工作表的副本，如图5-22所示。

图 5-21　　　　　　　　　　　　　　图 5-22

5.1.6 工作表标签设置

为了方便识别工作表中所包含的内容，用户可以对工作表标签进行设置，例如重命名工作表标签、设置工作表标签颜色等。

（1）重命名工作表标签

双击需要重命名的工作表标签，让标签名称变为可编辑状态，如图5-23所示。直接输入新的名称，输入完成后按【Enter】键确认即可，如图5-24所示。

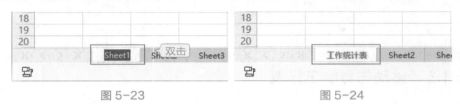

图 5-23   图 5-24

（2）设置工作表标签颜色

右击需要设置颜色的标签，在弹出的菜单中选择"工作表标签颜色"选项，在其下级菜单中选择合适的颜色，即可将当前工作表标签设置成相应颜色，如图5-25所示。

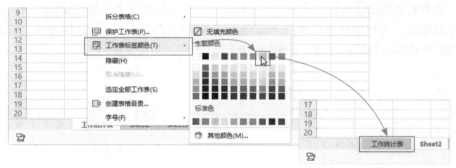

图 5-25

5.1.7 冻结与拆分窗口

扫一扫 看视频

"冻结窗格"与"拆分窗口"都能够为查看和对比数据提供方便。下面介绍冻结窗格和拆分窗口的详细方法。

（1）冻结窗格

冻结窗格是指将工作表中指定的内容设为固定显示，冻结的内容将始终显示在界面中，不会随着滚动条的滚动而被隐藏。冻结窗格的方式有三种，分为是冻结指定区域、冻结首行以及冻结首列。

选择F4单元格，打开"视图"选项卡，单击"冻结窗格"下拉按钮，选择"冻结至第3行E列"选项，如图5-26所示。工作表中的第1~3行以及A~E列即可被冻结。

若要取消冻结窗格，只需再次单击"冻结窗格"下拉按钮，选择"取消冻结窗格"选项即可，如图5-27所示。

图 5-26　　　　　　　　　　　图 5-27

技巧延伸

在"冻结窗格"下拉列表中选择"冻结首行"或"冻结首列"选项可直接冻结工作表的首行或首列。

（2）拆分窗口

拆分窗口是指将工作簿窗口拆分成多个窗格，便于对比和查看，拆分后的各窗格可单独查看与滚动。

选中H5单元格，在"视图"选项卡中单击"拆分窗口"按钮，如图5-28所示。工作表随即自H5单元格起被拆分成4个窗口，此时这4个窗口可单独滚动查看。

在"视图"选项卡中单击"取消拆分"按钮可取消窗口的拆分，如图5-29所示。

G	H	I	J	K
工龄	工龄工资	绩效奖金	岗位津贴	应付工资
9	¥900	¥450	¥650	¥6,000
9	¥900	¥380	¥700	¥6,480
10	¥1,000	¥400	¥650	¥6,050
7	¥700	¥400	¥700	¥5,300
10	¥1,000	¥680	¥900	¥6,580

G	H	I	J	K
工龄	工龄工资	绩效奖金	岗位津贴	应付工资
9	¥900	¥450	¥650	¥6,000
9	¥900	¥380	¥700	¥6,480
10	¥1,000	¥400	¥650	¥6,050
7	¥700	¥400	¥700	¥5,300
10	¥1,000	¥680	¥900	¥6,580

图 5-28　　　　　　　　　　　图 5-29

5.2

设置行/列和单元格

单元格是构成工作表的重要元素，而单元格则是由行和列的交叉组成的，接下来介绍一些行、列以及单元格的常用操作。

5.2.1 插入或删除行/列

制作表格时经常会执行插入或删除行列的操作，下面介绍具体操作方法。

扫一扫 看视频

（1）插入行或列

在需要插入行的位置选中一行，随后右击选中的行，在弹出的菜单中设置"插入"选项右侧的"行数"为"2"，最后单击该选项，如图5-30所示。在所选行的上方即可被插入2行，如图5-31所示。

图5-30　　　　　　　　　　　　　　图5-31

插入列的方法和插入行相似，在需要插入列的位置选中一列，然后右击选中的列，在弹出的菜单中选择"插入"选项，如图5-32所示。所选列的左侧随即被插入1列，如图5-33所示。

图5-32　　　　　　　　　　　　　　图5-33

技巧延伸

> 若在执行插入列的操作时，设置指定的列数，则可一次插入相应数量的列。

（2）删除行或列

选中需要删除的列，右击选中的列，在弹出的菜单中选择"删除"选项即可删除所选列，如图5-34所示。

删除行的方法和删除列相同，此处不再赘述。

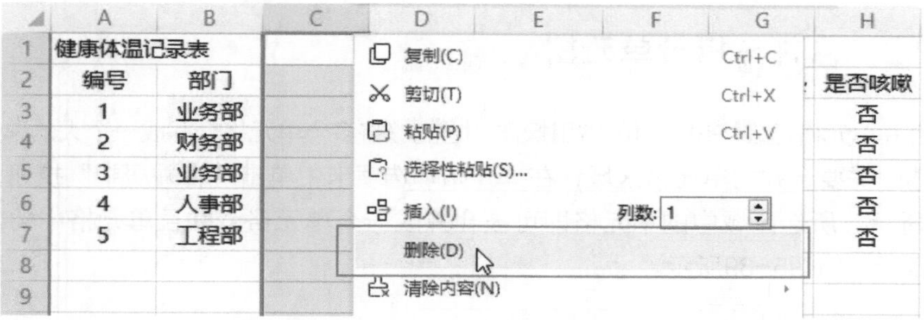

		复制(C)				Ctrl+C	
		剪切(T)				Ctrl+X	
		粘贴(P)				Ctrl+V	
		选择性粘贴(S)...					
		插入(I)		列数: 1			
		删除(D)					
		清除内容(N)					

图 5-34

5.2.2 调整行高与列宽

当默认的行高与列宽不符合表格的设计需要时，可以对行高和列宽进行适当调整。

将光标移动到需要调整高度的行的行号下方，当光标变成"╬"形状时按住鼠标左键拖动鼠标（向上拖动为减小行高，向下拖动为增加行高），如图5-35所示。拖动到合适高度时松开鼠标即可。

调整列宽的方法和调整行高相似，将光标放在需要调整宽度的列的列标右侧，光标变成"╬"形状时，按住鼠标左键拖动鼠标（向左拖动为减小列宽，向右拖动为增加列宽），如图5-36所示。拖动到合适宽度时松开鼠标即可。

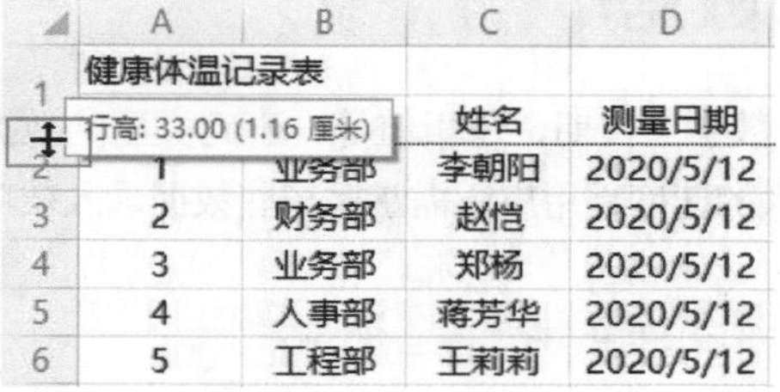

图 5-35 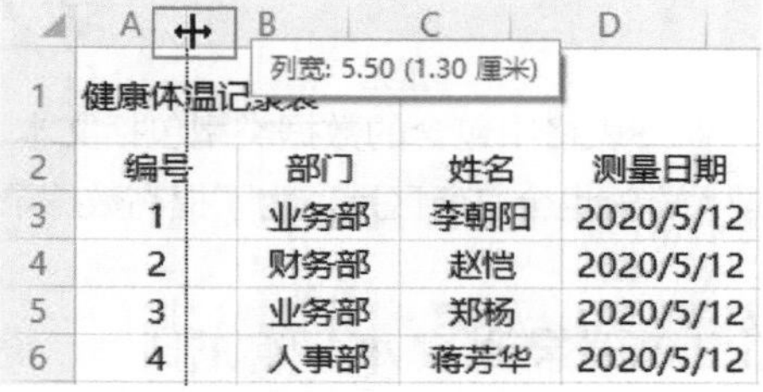   图 5-36

办公小课堂

　　用户也可精确调整行高和列宽，操作方法如下：在"开始"选项卡中单击"行和列"下拉按钮，从下拉列表中选择"行高"或"列宽"选项，如图5-37所示。在随后弹出的对话框中设置需要的行高或列宽值即可。

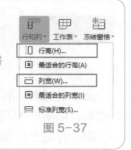

图5-37

5.2.3　合并与拆分单元格

　　合并单元格是表格设计时的常用操作，它能够将多个单元格合并成一个大的单元格。

　　选中需要合并的单元格区域，在"开始"选项卡中单击"合并居中"按钮，如图5-38所示。所选区域中的单元格即可被合并成一个单元格，并且单元格中的内容被居中显示，如图5-39所示。

图5-38　　　　　　　　　　　　　　　　　图5-39

　　选中被合并的单元格，再次单击"合并居中"按钮可将合并的单元格重新拆分成多个单元格。

录入数据

　　WPS表格中包含的数据类型包括文本、数字、日期、逻辑值等，不同类型的数据，其录入方法也会有所区别。为了提高数据录入的速度，用户还需掌握一些数据录入技巧。

5.3.1　录入文本型数据

　　常用的文本型数据包括汉字、拼音、英文字母、符号、文本型数字等，这里重点介绍一下如何输入特殊字符和文本型数字。

（1）输入特殊字符

选中需要输入特殊符号的单元格，打开"插入"选项卡，单击"符号"按钮，弹出"符号"对话框，选中需要录入的符号，单击"插入"按钮即可插入所选符号，如图5-40所示。

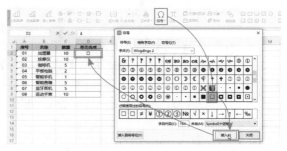

图 5-40

技巧延伸

在"符号"下拉列表中的"符号大全"组内对不同类型的符号进行了详细分类，更方便用户选择和使用，如图5-41所示。

需要提醒的是"符号大全"中的符号要登录WPS账号才能使用。

图 5-41

（2）输入文本型数字

在表格中有一类比较特殊的数字，比如身份证号码、银行卡号、电话号码等，这些数字不会被用来进行大小、多少的比较，也不会参与计算，它们只用来传递某种信息，这一类数字被称为文本型数字。

在WPS表格中，当输入超过11位的数字时这些数字会自动被识别为文本型，若要让不满11位的数字以文本格式显示，需要手动转换。

选中需要输入文本型数字的单元格区域，在"开始"选项卡中单击"数字格式"下拉按钮，从下拉列表中选择"文本"选项，如图5-42所示。随后在所选单元格中

图 5-42　　　　　　图 5-43

输入的数字即是文本型数据，文本型数字所在单元格的左上角会出现一个绿色的小三

角，如图5-43所示。

办公小课堂

在常规格式的单元格中输入以0开头的数字时，若数字不足5位，那么数字前面的0会自动消失。这时候用户可选择提前将单元格设置成文本格式，或在输入后手动切换。操作方法如下：在A2单元格中输入"01"，按【Enter】键，单元格中显示为"1"。单击A2单元格右侧的"点击切换"按钮，如图5-44所示。数字"1"即可被切换为"01"，如图5-45所示。

⊿	A	B	C	D
1	序号	名称	数量	是否完成
2	1	01器	10	☐
3		点击切换按摩仪	10	☐
4			5	☐
5		平板电脑	2	☐

图 5-44

⊿	A	B	C	D
1	序号	名称	数量	是否完成
2	01	加湿器	10	☐
3		按摩仪	10	☐
4		咖啡机	5	☐
5		平板电脑	2	☐

图 5-45

5.3.2 录入数值型数据

普通数字、百分比数据、分数、小数、负数、货币等都属于数值型数据，用户可以通过设置数单元格格式改变数值的显示方式。例如，为数值设置统一的小数位数、将数值转换成货币格式、将数值转换成百分比格式等。下面介绍转换数字格式的方法。

选中需要设置数字格式的单元格区域，在"开始"选项卡中单击"单元格格式：数字"按钮，如图5-46所示。打开"单元格格式"对话，选择"数值"选项，设置好小数位数，单击"确定"按钮即可将所选单元格区域中的数值设置成相应位数的小数位数，如图5-47所示。

除此之外，在该对话框中还可通过选择"货币""会计专用""百分比"等选项，将数值转换成相应格式。

图 5-46   图 5-47

5.3.3 录入日期型数据

WPS对日期的格式有一定要求，只有以"/"符号以及"年""月""日"这三个字符作为分隔符的日期才能被WPS识别，以其他符号作为连接符的日期，WPS会将其视为普通的文本，如图5-48所示。

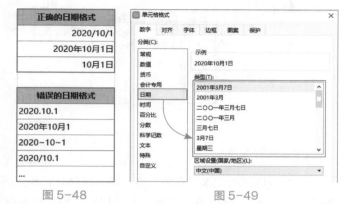

图 5-48　　　　　　　图 5-49

输入格式正确的日期后，通过"单元格格式"对话框，可以更改日期的类型，如图5-49所示。使用【Ctrl+1】组合键可打开"单元格格式"对话框。

技巧延伸

在输入日期时也可以用"-"符号作为连接符，在确认输入后"-"符号会自动变成"/"符号，例如输入"2020-10-1"，按【Enter】键后会自动变为"2020/10/1"。

5.3.4 填充数据

当需要在相邻区域内录入重复数据或有序数据时，可以使用填充功能快速录入。

（1）填充数字序列

在A2单元格内输入"1"，将光标放在该单元格右下角，当光标变成"**＋**"形状时按住鼠标左键，向下拖动鼠标，拖动到合适的位置时松开鼠标即可完成步长值为1的等差序列填充，如图5-50所示。

在A2单元格中输入"1"，在A3单元格中输入"3"，选中A2:A3单元格区域，将光标放置在单元格区域右下角，光标变成"**＋**"字形状时，按住鼠标左键向下拖动鼠标，松开鼠标后可填充一个步长值为2的等差序列，如图5-51所示。

图 5-50   图 5-51

（2）复制填充

选中需填充的文本所在单元格，将光标移动到单元格右下角，当光标变成黑色的"**+**"字形状时，按住鼠标左键，拖动鼠标，松开鼠标后即可完成文本的复制填充，如图5-52所示。

选中日期所在单元格，将光标放在单元格右下角，光标变成黑色的"**+**"形状时，按住【Ctrl】键和鼠标左键，拖动鼠标，松开鼠标后日期即可被复制填充，如图5-53所示。复制填充数字的方法和复制填充日期的方法相同。

图 5-52   图 5-53

5.3.5 限制数据录入范围

WPS表格的"有效性"功能可以根据需要设定条件，防止在单元格中输入无效数据。下面以限制只能在单元格中输入18位数的身份证号码为例，介绍该功能的使用方法。

选中需要输入身份证号码的单元格区域，打开"数据"选项卡，单击"有效性"按钮，如图5-54所示。弹出"数据有效性"对话框，设置有效性条件为"文本长度""等于""18"，单击"确定"按钮，如图5-55所示。

图 5-54　　　　　　　　　　　图 5-55

条件限制设置完成后，在单元格中输入身份证号码，若所输入的身份证号码不是18位，按【Enter】键后将无法确认输入，并且在单元格下方会显示错误提示，如图5-56所示。

图 5-56

5.4

美化数据表

在表格中录入数据后，可以适当设置数据表的外观，让数据表看起来更漂亮，美化数据表可从设置字体格式、对齐方式、边框和填充效果等方面入手。

5.4.1　设置字体格式

WPS默认使用的字体是"宋体"，字号是"11"号，用户可以根据需要设置其他字体字号。

选中需要设置字体格式的单元格区域，在"开始"选项卡中单击"字体"下拉按钮，从展开的列表中可选择需要的字体。单击"字号"下拉按钮，可从下拉列表中选需要的字号，如图5-57所示。

图 5-57

5.4.2　设置对齐方式

数据的对齐方式是针对数据在单元格中的位置来说的。选中需要设置对齐方式的单元格区域，在开始选项卡中通过单击"左对齐""水平居中""右对齐"按钮可设置数据在水平方向上的对齐方式，单击"顶端对齐""垂直居中""底端对齐"按钮可设置数据在垂直方向上的对齐方式，如图5-58所示。

图 5-58

5.4.3　设置表格边框

扫一扫 看视频

设置表格边框有很多种方法，其中最快捷的方法是通过边框下拉列表设置。打开"开始"选项卡，单击边框下拉按钮，从下拉列表中选择"所有框线"选项即可为所选区域设置边框，如图5-59所示。

用户若想获得更复杂的边框样式，可以按【Ctrl+1】组合键，在"单元格格式"对话框中的"边框"界面内设置，外边框和内边框的线条样式可分两次设置，设置完成后单击"确定"按钮即可，如图5-60所示。

图 5-59　　　　　　　　　　　　　图 5-60

5.4.4　设置填充效果

表格的标题以及一些包含重要内容的单元格可以为其设置填充效果突出显示。单元格的填充效果包括纯色填充、渐变填充以及图案填充。

设置纯色填充的方法如下：选中需要填充颜色的单元格区域，打开"开始"选项卡，单击"填充颜色"下拉按钮，从展开的列表中选择合适的颜色，即可为所选单元格填充相应颜色，如图5-61所示。

图 5-61

办公小课堂

　　为单元格设置图案填充以及渐变填充都需要通过"单元格格式"对话框来完成。按【Ctrl+1】组合键打开"单元格格式"对话框，在"图案"界面中可直接设置图案的样式以及图案颜色，设置好后单击"确定"按钮即可。若要设置渐变填充，则要在"图案"界面中单击"填充效果"按钮，打开"填充效果"对话框，

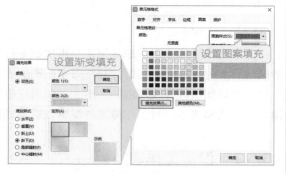

图 5-62

在该对话框中设置好颜色1、颜色2、底纹样式以及变形效果，如图5-62所示。

5.5
保护工作簿与工作表

　　对工作簿和工作表进行保护，能够避免重要的文件内容被泄露，防止他人编辑表格中的内容，提高文件的安全性。

5.5.1　为工作簿设置密码保护

　　为工作簿设置密码能够有效保护工作簿不被其他不相关的人员查看和编辑，下面介绍具体操作方法。

　　单击"文件"按钮，在展开的列表中选择"文档加密"选项，在其下级列表中选择"密码加密"选项，如图5-63所示。弹出"密码加密"对话框，在该对话框中可分别设置"打开权限"密码及"编辑权限"密码，设置好后单击"应用"按钮，完成文档加密操作，如图5-64所示。

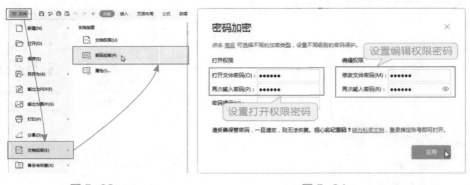

图 5-63   图 5-64

保存工作簿后将工作簿关闭，当再次试图打开该工作簿时会弹出"文档已加密"对话框，此时只有同时知道打开权限密码和编辑权限密码，才能正常打开及编辑该工作簿，若只知道打开权限密码，不知道编辑权限密码，那么只能以只读模式打开工作簿。在只读模式下，对工作簿进行编辑以后不能直接保存，只能另存为副本。

5.5.2 保护工作表

扫一扫 看视频

若用户不希望他人对工作表中的内容进行编辑，可以对工作表进行保护。保护工作表的操作方法非常简单，下面进行详细介绍。

（1）保护当前工作表

打开"审阅"选项卡，单击"保护工作表"按钮。弹出"保护工作表"对话框，不做任何设置，直接单击"确定"按钮，如图5-65所示。此时当前工作表已经是被保护状态，对任何一个单元格进行编辑都会被停止，并弹出一个警告对话框，如图5-66所示。

若要取消工作表保护，只需在"审阅"选项卡中单击"撤销工作表保护"按钮即可。

图 5-65   图 5-66

（2）保护工作表中的指定区域

选中工作表中的所有单元格，在"审阅"选项卡中单击"锁定单元格"按钮，取消所有单元格的锁定状态，如图5-67所示。随后重新选中需要保护的单元格区域，单击"锁定单元格"按钮，重新将该区域中的单元格锁定。接着单击"保护工作表"按钮，弹出"保护工作表"对话框，保存默认选项，单击"确定"按钮，如图5-68所示。此时，工作表中只有被锁定的单元格不能编辑，其他单元格仍可以正常编辑。

图 5-67　　　　　　　　　　　　　　图 5-68

5.6 打印报表

相对文档而言，表格打印需要更多的技巧，因为工作表的大小通常有很大的悬殊，而且表格的打印范围也是多种多样的，下面介绍一些常用的表格打印技巧。

5.6.1　缩放打印

当表格的行数或列数较多，一页打印不下时，可以使用缩放打印，将所有行和列全部打印在一页纸上。

在快速访问工具栏中单击"打印预览"按钮，如图5-69所示。打开打印预览界面，单击"打印缩放"下拉按钮，从展开的列表中选择"将整个工作表打印在一页"选项即可，如图5-70所示。

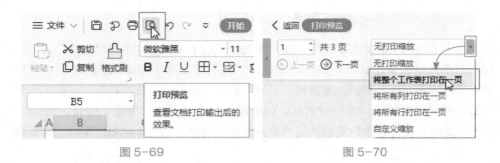

图 5-69　　　　　　　　　　图 5-70

5.6.2　每页都打印标题

扫一扫 看视频

当要打印的表格超过一页时，除了第一页之外，其他页的内容将无法显示标题，这样将不利于分辨数据的属性，对于这种情况，用户可以通过设置让每一页都显示标题。操作方法如下。

打开"页面布局"选项卡，单击"打印标题或表头"按钮，如图5-71所示。弹出"页面设置"对话框，在"工作表"界面中将光标定位在"顶端标题行"文本框中，设置好需要在每页打印的标题行，单击"确定"按钮即可，如图5-72所示。

图 5-71　　　　　　　　　　图 5-72

5.6.3　打印页眉和页脚

打印报表的时候，可以在页眉或页脚位置显示很多信息，例如页码、日期、时间、路径、文件名、图片等。下面介绍如何在页眉或页脚位置打印这些内容。

（1）打印页码

打开"页面布局"选项卡，单击"打印页眉和页脚"按钮，弹出"页面设置"对话框，在"页眉/页脚"界面中单击"页眉"或"页脚"下拉按钮，在下拉列表中选择合适的选项，可以向页眉或页脚中添加所选类型的页码，如图5-73所示。

（2）打印其他内容

打开"页面设置"对话框，根据需要单击"自定义页眉"或"自定义页脚"按钮（此处以单击"自定义页眉"按钮为例）。随后弹出的"页眉"对话框中有"左""中""右"三个编辑框，用户可在任意框内定位光标，插入的内容会在页眉的对应位置显示。单击编辑框上方的按钮可向页眉中插入日期、时间、路径、文件名、工作表名、图片等内容，添加好后单击"确定"按钮即可，如图5-74所示。

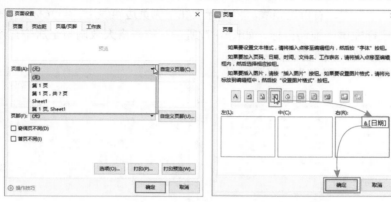

图 5-73　　　　　　　　　　　图 5-74

5.6.4　分页打印

WPS表格会根据纸张大小及页边距自动将超出打印范围的行打印到下一页。用户也可以根据需要设置从指定的位置开始分页打印。

操作方法非常简单：假设，需要将表格从第10行开始打印到下一页去，则选中第10行中的任意单元格，打开"页面布局"选项卡，单击"插入分页符"下拉按钮，选择"插入分页符"选项即可，如图5-75所示。

若要取消分页打印，则再次单击"插入分页符"下拉按钮，选择"删除分页符"选项，如图5-76所示。

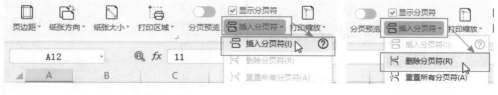

图 5-75　　　　　　　　　　　图 5-76

5.6.5 居中打印

默认情况下，表格是靠左侧和顶部页边距被打印的，这样往往会导致打印出的表格不能居中显示。解决这个问题其实有多种方法。

（1）手动调整页边距

单击"打印预览"按钮，进入打印预览界面，单击"页边距"按钮，在预览页面中会显示出6条虚线，其中页面最顶部和最底部的2条虚线是页眉和页脚线，其余4条分别是上、下、左、右页边距线。将光标放在左侧页边距线上，当光标变成"╋"形状时按住鼠标左键，拖动鼠标，如图5-77所示。将表格大致调整至居中显示时松开鼠标即可，如图5-78所示。

序号	供货方	上期余额	应收金额	已收金额	期末应收余额
1	强中	0	178,329.60		178,329.60
2	东海云	0	45,711.23	45,711.23	0
3	江湾	0	837,492.78	800,000.00	37,492.78
4	池东	0	818,546.72	789,408.80	29,137.92
5	广东刘鑫	0	27,923.20	27,923.20	0
6	大明	0	200,731.01	0	200,731.01
7	利安达	0	0		0
8	郭明玉	0	10,336.80	10,336.80	0
9	北京亮亮	0	-1,017.68		-1,017.68
10	江云联海	0	205,594.40	169,072.00	36,522.40

图 5-77　　　　　　　图 5-78

（2）设置自动居中显示

在打印预览界面中单击"页面设置"按钮，如图5-79所示，打开"页面设置"对话框，在"页边距"界面中勾选"水平"复选框，单击"确定"按钮即可让表格在页面中水平居中显示，如图5-80所示。

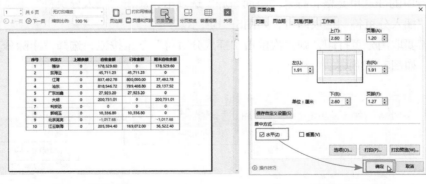

图 5-79　　　　　　　图 5-80

制作电商运营计划表

在电商营销过程中，适时制作运营计划表，通过销售数据统计和销售目标的制定，可以直观展现店铺的运营状况，为未来的发展提供目标。下面根据本章所学知识制作一份电商运营计划表。

（1）录入基础数据

准确并高效地录入数据是制作一份表格的关键所在。下面将综合数据录入的方法来创建计划表的信息内容。

步骤 01 在工作表中输入标题内容，并拖动列标，适当调整每一列的列宽，如图5-81所示。

	A	B	C	D	E	F	G
1	电商运营计划表						
2	月份	2020年营业额	销售额占比	2021年目标销售额	月份	计划销售额	推广费预算（8%）
3							
4							
5							

图 5-81

步骤 02 在A3单元格中输入"1月"，向下拖动该单元格填充柄，自动输入"2月"至"12月"，如图5-82所示。

步骤 03 选中A3:A14单元格区域，按【Ctrl+C】组合键复制，随后选中E3单元格，按【Ctrl+V】组合键，将复制的内容粘贴到E3:E14单元格区域，如图5-83所示。

图 5-82　　　　　　图 5-83

步骤 04 在表格中输入2020年1月至12月的营业额。随后选中C3单元格，输入公式"=B3/SUM($B$3:$B$14)"，输入完成后按【Enter】键返回计算结果，如图5-84所示。

步骤 05 拖动C3单元格填充柄，将公式填充至C3:C14单元格区域，计算出1月至12月的销售额占比，如图5-85所示。

图 5-84　　　　　　　　　　图 5-85

步骤 06 选中C3:C15单元格区域，打开"开始"选项卡，单击"数字格式"下拉按钮，从下拉列表中选择"百分比"选项，如图5-86所示。将所选数据转换成百分比形式显示，如图5-87所示。

图 5-86　　　　　　　　　　图 5-87

步骤 07 输入计划销售额，选中G3单元格，输入公式"=F3*0.8"，输入完成后按【Enter】键返回计算结果，如图5-88所示。

步骤 08 向下拖动G3单元格填充柄，将公式填充至G4:G14单元格区域，计算出2021年各月的推广费预算，如图5-89所示。

图 5-88 　　　　　　　　　　图 5-89

步骤 09 选中B15单元格，打开"公式"选项卡，单击"自动求和"按钮，单元格中随即自动输入求和公式，如图5-90所示。

步骤 10 按【Enter】键即可计算出2020年1月至12月的总营业额，如图5-91所示。随后参照此方法在C15、F15以及G15单元格中计算出求和结果。

图 5-90   图 5-91

步骤11 选中1~15行，将光标放在第15行的行号下方，光标变成"➕"形状时向下拖动鼠标，如图5-92所示。

步骤12 拖动到合适位置时松开鼠标，1~15行的行高随即同时得到调整，如图5-93所示。

图 5-92   图 5-93

（2）设置表格格式

数据信息录入完毕后，接下来则需要对表格布局进行一些必要的调整，方便其他人能够快速获取到重要的数据内容。

步骤01 选中整个表格区域，打开"开始"选项卡，单击"字体"下拉按钮，在展开的列表中选择"微软雅黑"选项，如图5-94所示。

步骤02 选中A1单元格，在"开始"选项卡中单击"加粗"按

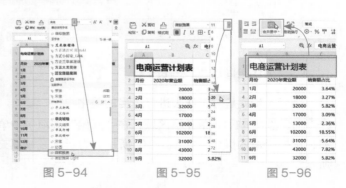

图 5-94   图 5-95   图 5-96

钮，随后单击"字号"下拉按钮，选择"20"选项，如图5-95所示。

步骤 03 选中A1:G1单元格区域，在"开始"选项卡中单击"合并居中"按钮，如图5-96所示。

步骤 04 选中A2:G2单元格区域，在"开始"选项卡中单击"加粗"按钮，随后单击"水平居中"按钮，如图5-97所示。参照此方法将A3:A15以及E3:E15也设置成水平居中显示。

步骤 05 选中D3:D14单元格区域，单击"合并居中"按钮，随后在合并单元格中输入公式"=F15"，输入完成后按【Enter】键返回计算结果，如图5-98所示。

图 5-97　　　　　　　　　　　　图 5-98

步骤 06 按住【Ctrl】键依次选中B3:B15，D3:D14，F3:G15单元格区域，在"开始"选项卡中单击"数字格式"下拉按钮，选择"货币"选项，如图5-99所示。将所选区域中的数字设置成货币格式，如图5-100所示。

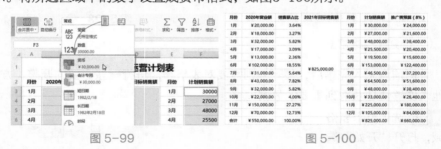

图 5-99　　　　　　　　　　　　图 5-100

（3）美化电商运营计划表

最后一步就是对工作表进行适当的美化。

步骤 01 选中A1:G2单元格区域，在"开始"选项卡中单击"填充颜色"下拉按钮，选择合适的颜色，如图5-101所示。为所选区域填充相应颜色，如图5-102所示。

图 5-101   图 5-102

步骤 02 选中A1:G 15单元格区域，按【Ctrl+1】组合键，打开"单元格格式"对话框，在"边框"界面中先设置好内部线条样式，如图5-103所示。

步骤 03 随后设置外部线条样式，全部设置好后单击"确定"按钮，关闭对话框，如图5-104所示。

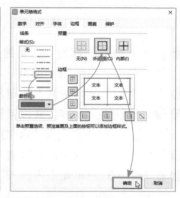

图 5-103   图 5-104

步骤 04 返回工作表，选中A列并右击选中的列，选择"插入"选项，在表格左侧插入一个空白列，如图5-105所示。随后再选中第1行，在表格的顶端插入一个空白行，让表格的左侧和顶端边框线显示出来。

步骤 05 最后调整好新插入的行和列的高度和宽度。

至此完成电商运营计算表的制作，如图5-106所示。

图 5-105   图 5-106

制作一份健身计划表

　　本章主要讲解了WPS表格的创建、保存、表格编辑、数据录入、数据编辑、报表保护以及报表打印的内容。接下来希望读者能够根据所学知识自己动手制作一份健身计划表，如图5-107所示。

操作提示

① 输入大表头内容为"运动健身计划表"，设置字体为"幼圆"、字号为"20"、字体颜色为"白色"、"加粗"显示，对表头执行合并单元格操作。

② 在表头的下一行中输入计划人信息，设置字体为"幼圆"，字体颜色为"白色"。

③ 输入属性表头内容，并设置斜线表头，设置属性表头字体为"幼圆"，字体颜色为"绿色"，对齐方式为"水平居中"。

④ 设置表格边框效果，外边框为绿色粗实线，内部边框为绿色细实线。

⑤ 在表格中对应单元格内插入"√"符号。

运动健身计划表

计划人：如懿

日期＼项目	跳舞	网球	跑步	动感单车	瑜伽	游泳	羽毛球	跳绳	美腰器
星期一			√		√				√
星期二		√		√					√
星期三			√		√			√	
星期四			√			√			√
星期五	√			√			√	√	√
星期六			√		√				
星期日		√						√	√

图 5-107

第6章

数据分析
有条不紊

WPS表格具有强大的数据处理与分析能力，熟练运用排序、筛选、条件格式、分类汇总等工具能够将复杂的数据处理与分析变得简单化，从而大大缩短工作时间，提高工作效率。

6.1 数据的排序

排序是数据分析过程中最常用的操作之一，将数据按照一定的要求或规律重新排列可以为数据的观察和后期的数据处理提供便利。

6.1.1 简单排序

对指定字段进行简单的升序或降序排序，称为简单排序。下面将介绍如何执行简单排序。

选中需要排序的字段中的任意一个单元格，打开“数据”选项卡，单击“升序”按钮，如图6-1所示。所选字段中的数据随即按照从低到高的顺序重新排列，如图6-2所示。

图 6-1

	A	B	C
1	序号	旅游机场名称	出港准点率
2	1	北海福成	57.0%
3	4	喀什	58.0%
4	2	桂林两江	61.5%
5	5	拉萨贡嘎	63.6%
6	10	延吉朝阳川	66.5%
7	3	海拉尔东山	68.0%
8	7	三亚凤凰	72.8%
9	9	烟台莱山	78.2%
10	6	丽江三义	80.4%
11	8	西双版纳嘎洒	80.5%

图 6-2

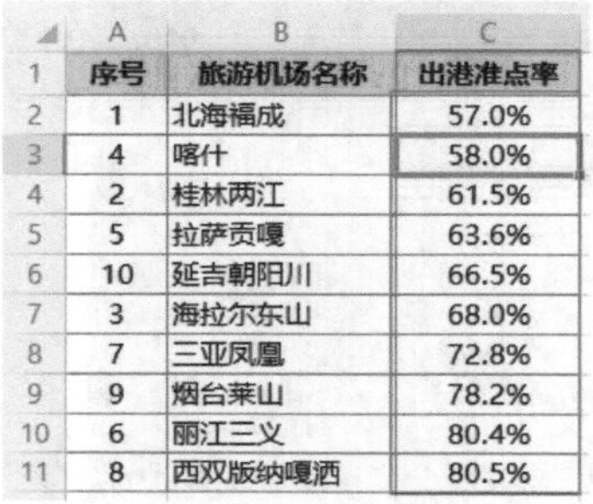

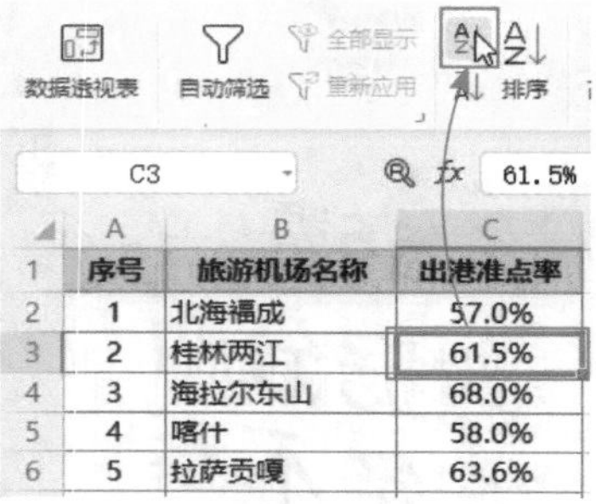

若要对指定字段执行降序排序，则在“数据”选项卡中单击“降序”按钮。“降序”按钮在“升序”按钮下方。

6.1.2 复杂排序

扫一扫 看视频

对多个字段同时排序称为复杂排序，复杂排序通常在“排序”对话框中进行，下面介绍具体操作方法。

选中数据区域中的任意一个单元格，打开“数据”选项卡，单击“排序”按钮，如图6-3所示。

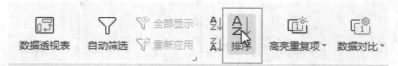

图 6-3

打开“排序”对话框。设置主要关键字为“销售数量”，排序依据为“数值”，

排序方式为"升序"，设置好后单击"添加条件"按钮，如图6-4所示。

对话框中随即被添加一个次要关键字，设置次要关键字为"销售单价"，排序依据为"数值"，排序方式为"升序"，设置完成后单击"确定"按钮，如图6-5所示。

返回到数据表中，此时销售数量字段已经按照升序排序了，当销售数量相同时，对应的销售单价也按照升序排序，如图6-6所示。

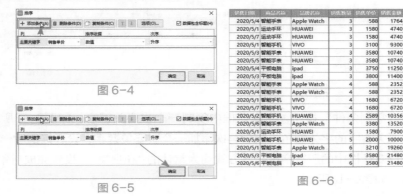

图 6-4

图 6-5

图 6-6

6.1.3　按笔画排序

扫一扫 看视频

WPS对汉字默认按照拼音首字母进行排序，用户可根据需要让汉字按照笔画顺序排序。

选中表格中任意一个单元格，在"数据"选项卡中单击"排序"按钮，打开"排序"对话框，将需要排序的字段设置成主要关键字，并设置好排序依据和排序方式，单击"选项"按钮，如图6-7所示。

弹出"排序选项"对话框，选中"笔画排序"单选按钮，单击"确定"按钮，如图6-8所示。所选字段即可按照笔画顺序排序，当第一个字符的笔画相同时，便以第二个字符进行比较，以此类推，如图6-9所示。

图 6-7　　　　图 6-8　　图 6-9

6.1.4　按颜色排序

除了按数值大小、拼音或字母排序外，WPS表格还可以按照字体颜色或单元格颜色排序。

选中表格中的任意一个单元格，单击“排序”按钮，打开“排序”对话框，设置好需要排序的字段，单击排序依据下拉按钮，从下拉列表中选择“字体颜色”选项，如图6-10所示。此时排序依据右侧会新增一个选项，单击该选项，在下拉列表中会显示所选字段中的所有字体颜色，选择需要的颜色，如图6-11所示。

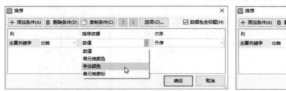

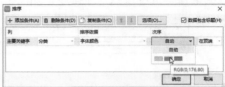

图 6-10

图 6-11

单击“复制条件”按钮，向对话框中复制一个次要关键字，如图6-12所示。设置好该次要关键字的字体颜色。随后再次添加一个次要关键字，设置好最后一个字体颜色，保持对话框中的所有字段排序方式均为默认的“在顶端”，设置完成后单击“确定”按钮，如图6-13所示。

图 6-12

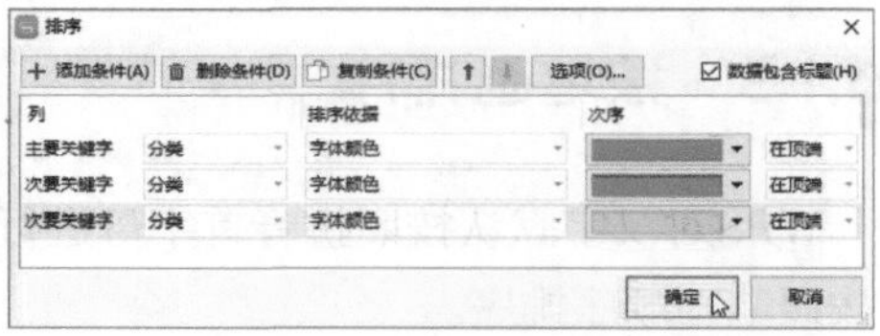

图 6-13

表格中的“分类”字段随即按照“排序”对话框中指定的字体颜色顺序进行排序。其中黑色的字体会自动在所有颜色的下方显示，如图6-14所示。

序号	品名	分类	销量
1	祁门功夫	红茶	¥2,680.00
2	普洱	黑茶	¥1,630.00
3	西湖龙井	绿茶	¥1,330.00
4	金骏眉	红茶	¥1,330.00
5	碧螺春	绿茶	¥2,380.00
6	黄山毛峰	绿茶	¥2,980.00
7	霍山黄大茶	黄茶	¥2,730.00
8	太平猴魁	绿茶	¥3,130.00
9	日照红茶	红茶	¥3,580.00
[illegible]	[illegible]	黑茶	¥2,080.00
[illegible]	[illegible]	红茶	¥730.00
[illegible]	[illegible]	绿茶	¥2,680.00
13	六安瓜片	绿茶	¥3,130.00
14	君山银针	黄茶	¥3,630.00
15	六堡茶	黑茶	¥1,180.00
16	北港毛尖	黄茶	¥1,830.00
17	温州黄汤	黄茶	¥780.00

序号	品名	分类	销量
3	西湖龙井	绿茶	¥1,330.00
5	碧螺春	绿茶	¥2,380.00
6	黄山毛峰	绿茶	¥2,980.00
8	太平猴魁	绿茶	¥3,130.00
12	信阳毛尖	绿茶	¥2,680.00
13	六安瓜片	绿茶	[illegible]
1	祁门功夫	红茶	[illegible]
4	金骏眉	红茶	[illegible]
9	日照红茶	红茶	¥3,580.00
11	正山小种	红茶	¥730.00
7	霍山黄大茶	黄茶	¥2,730.00
14	君山银针	黄茶	¥3,630.00
16	北港毛尖	黄茶	¥1,830.00
17	温州黄汤	黄茶	¥780.00
2	普洱	黑茶	¥1,630.00
10	青砖茶	黑茶	¥2,080.00
15	六堡茶	黑茶	¥1,180.00

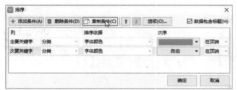

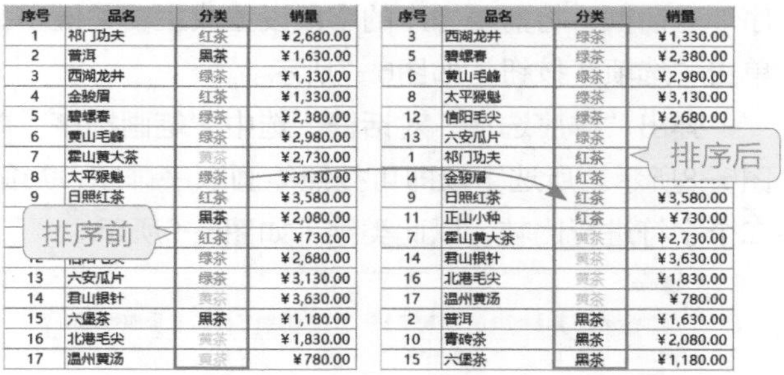

图 6-14

6.2

数据的筛选

数据筛选功能可以筛选出报表中的重要信息，将无关紧要的数据隐藏起来。不同的数据类型，其筛选方法也稍有不同，下面将详细介绍不同类型数据的筛选方法。

6.2.1　数字筛选

扫一扫 看视频

　　数字筛选是数字独有的筛选方式，用户可以筛选指定的数字、筛选大于或小于某值的数据、筛选高于平均值或低于平均值的数据等。

　　选中数据表中的任意一个单元格，打开"数据"选项卡，单击"自动筛选"按钮，对当前数据表启用筛选，此时每个标题的右侧均出现了一个下拉按钮，如图6-15所示。单击"销售额"右侧的下拉按钮，从筛选器中单击"数字筛选"按钮，选择"高于平均值"选项，如图6-16所示。数据表中随即筛选出销售额高于平均值的数据，如图6-17所示。

图 6-15	图 6-16	图 6-17

技巧延伸

　　进行数字筛选时，用户也可以在筛选器中选择"等于""不等于""大于""小于""大于或等于""小于或等于""介于"等选项，自己设置具体的筛选条件。

6.2.2　文本筛选

　　文本筛选是文本型数据特有的筛选方式，在筛选器中可以直接选择想要筛选的文本，也可以通过"文本筛选"功能进行模糊筛选。

（1）快速筛选指定文本

　　为表格创建筛选后，单击文本字段的标签右侧下拉按钮，在筛选器中取消"全选"复选框的勾选，只勾选"台式机"复选框，如图6-18所示。报表中随即筛选中所有台式机的销售记录，如图6-19所示。

（2）模糊筛选文本

单击文本字段标签中的筛选按钮，在筛选器中单击"文本筛选"按钮，在展开的
列表中选择"包含"选项，如图6-20所示。

图 6-18　　　　　　图 6-19　　　　　　图 6-20

在"自定义自动筛选方式"对话框中输入关键字，输入完成后单击"确定"按钮，
如图6-21所示。报表中即可筛选出包含指定关键字的所有产品信息，如图6-22所示。

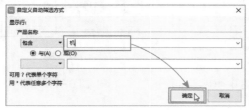

图 6-21

	A	B	C	D
1	产品名称	产品单价	销售数	销售总额
2	台式机	5,000.00	5	25,000.00
5	手机	2,880.00	12	34,560.00
7	台式机	3,550.00	7	24,850.00
9	手机	1,980.00	4	7,920.00
11	台式机	3,300.00	3	9,900.00
12				

图 6-22

6.2.3　日期筛选

由于日期型数据的特殊性，用户可以筛选指定的年份、月份或指定时间段的日期。

单击日期字段标题中的筛选按钮，在筛选器中可以通过勾选复选框筛选指定的年
份。单击某个年份选项，展开该年份中所包含的月份，勾选需要的月份可以筛选出该
年份中对应的月份信息。

筛选器的底部包含"上月""本月""下月"按钮，单击相应按钮可筛选以当前月
为参照的上个月、本月以及下个月的信息。单击"更多"按钮，在展开的列表中还能
看到更多日期筛选选项，如图6-23所示。

在筛选器中单击"日期筛选"按钮，展开的列表中包含"等于""之前""之后""介
于"等选项，通过这些选项在对话框中设置好要筛选的准确日期或日期范围即可实现
相应筛选，如图6-24所示。

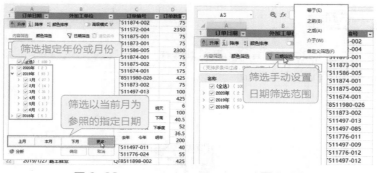

图 6-23　　　　　　　　　　　图 6-24

办公小课堂

　　若要清除对字段的筛选，只需要再次打开该字段的筛选器，单击"清空条件"按钮即可，如图6-25所示。在"数据"选项卡中再次单击"筛选"按钮，则可以让表格退出筛选状态。

图 6-25

6.2.4　高级筛选

扫一扫 看视频

　　高级筛选一般用于条件比较复杂的筛选操作，筛选结果可在原数据表中显示，也可在其他位置显示。下面将介绍如何使用高级筛选设置多个筛选条件。

　　在原数据表下方创建筛选条件（筛选条件的标题必须和原数据表中的标题完全相同，否则将无法返回正确的筛选结果）。选中原数据表中的任意一个单元格，打开"数据"选项卡，单击"高级筛选"对话框启动器按钮，打开"高级筛选"对话框，将光标定位在"条件区域"文本框中，选择表格中的条件区域，该区域的地址即可自动输入到文本框中，保持其他选项为默认，单击"确定"按钮，如图6-26所示。原数据表中随即显示出筛选结果，若要清除高级筛选，则在"数据"选项卡中单击"全部显示"按钮，如图6-27所示。

图 6-26　　　　　　　　　　　图 6-27

技巧延伸

若要将筛选结果复制到其他位置，需要在"高级筛选"对话框中选择"将筛选结果复制到其他位置"单选按钮。

6.3
用颜色或图标直观展示数据

WPS表格的"条件格式"功能可以使用数据条、颜色或图标直观地突出显示重要的数据，让数据趋势变得更直观。接下来将介绍"条件格式"的应用方法。

6.3.1　突出显示重要值

使用条件格式的"突出显示单元格规则"或"项目选取规则"可以将指定的数据突出显示。具体操作方法如下。

扫一扫 看视频

选中"年度总成绩"列中的所有数字，打开"开始"选项卡，单击"条件格式"下拉按钮，选择"项目选取规则"选项，在其下级列表中选择"前10项"选项。

系统随即弹出"前10项"对话框，将微调框中的数字调整成"5"，选择好单元格样式，单击"确定"按钮，如图6-28所示。

表格中的选中区域内，年度总成绩排在前5的单元格随即被突出显示，如图6-29所示。

图 6-28　　　　　　　　　　　图 6-29

6.3.2　数据条的应用

数据条能够以条形直观展示一组数据的大小，为数据的比较提供了很大的便利。

选中需要使用数据条的单元格区域，打开"开始"选项卡，单击"条件格式"下拉按钮，选择"数据条"选项，在下级列表中选择合适的数据条样式，如图6-30所示。所选单元格区域中随即被添加相应样式的数据条，数据越大数据条越长，数据越小数据条越短，如图6-31所示。

图 6-30

						暑期学习计划表				
日期	学习科目	计划时间			时长(H)	计划学习内容	完成情况（满分100）

暑期学习计划表

日期	学习科目	计划时间		时长(H)	计划学习内容	完成情况（满分100）
2020/7/22	语文	09:00 — 10:00		1	阅读、背诵	100
	数学	10:00 — 11:00		1	预习、课后作业	85
	英语	14:00 — 15:00		1	单词、背诵	60
	书法	15:00 — 16:30		1.5	练习软笔书法	90
	围棋	19:00 — 20:00		1	围棋练习	100
	语文	20:00 — 21:00		1	课外阅读	80

图 6-31

6.3.3　色阶和图标集的应用

通过"条件格式"下拉列表还可为单元格区域设置色阶及图标集。"色阶"通过为单元格区域添加渐变颜色，指明单元格中的值在该区域内的位置，如图6-32所示。"图标集"则是用一组图标来表示单元格内的值，如图6-33所示。

学号	姓名	语文	数学	自然	思品	历史
S60501	杨占	80	65	100	100	80
S60502	李迎	95	70	86	91	85
S60503	李东锋	75	100	85	80	80
S60504	黄钦	85	56	80	75	60
S60505	王泳	82	75	85	90	90
S60506	李玲	82.5	76.3	100	85	60
S60507	陈元峰	75	90	95	81.2	80
S60508	魏均涛	80	75	92	75	85
S60509	李静	85	75	96	85	72

图 6-32

学号	姓名	语文	数学	自然	思品	历史
S60501	杨占	80	65	100	100	80
S60502	李迎	95	70	86	91	85
S60503	李东锋	75	100	85	80	80
S60504	黄钦	85	56	80	75	60
S60505	王泳	82	75	85	90	90
S60506	李玲	82.5	76.3	100	85	60
S60507	陈元峰	75	90	95	81.2	80
S60508	魏均涛	80	75	92	75	85
S60509	李静	85	75	96	85	72

图 6-33

6.3.4　管理条件格式规则

扫一扫 看视频

为单元格设置条件格式后，可根据需要修改条件格式规则，让其更符合当前的数据分析需要，下面介绍具体操作方法。

选中设置了条件格式的单元格区域，打开"开始"选项卡，单击"条件格式"下拉按钮，选择"管理规则"选项，如图6-34所示。弹出"条件格式规则管理器"对话框，选中需要设置规则的选项，单击"编辑规则"选项，

图 6-34

如图6-35所示。

打开"编辑规则"选项，在该对话框中可修改格式样式、图标样式、隐藏单元格中的值，重新设置每个图标的取值范围等。设置好后单击"确定"按钮，如图6-36所示。

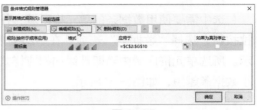

图 6-35

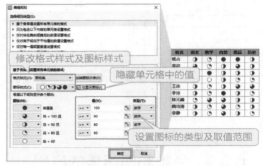

图 6-36

数据的分类汇总

分类汇总可以按类别对数据进行分类和汇总，是WPS表格中十分常用的数据分析工具，分类汇总分为单项分类汇总和嵌套分类汇总，下面将分别介绍这两种分类汇总的操作方法。

6.4.1 单项分类汇总

单项分类汇总即只对一个字段进行一种方式的汇总。进行分类汇总之前需要先对分类字段进行简单的排序，升序或降序都可以，排序的目的是为了让同类数据集中在同一个区域显示，如图6-37所示。排序完成后单击"分类汇总"按钮，如图6-38所示。

	A	B	C	D	E
1	入库日期	入库单号	商品名称	品牌	入库数量
2	2020/1/7	1171	电动牙刷	飞利浦	30
3	2020/2/7	1191	电动牙刷	拜耳	22
4	2020/2/7	1172	电动牙刷	飞利浦	60
5	2020/2/7	1193	电动牙刷	米家	80
6	2020/3/7	1194	电动牙刷	米家	20
7	2020/3/7	1195	电动牙刷	米家	24
8	2020/3/8	1173	电动牙刷	飞利浦	6
9	2020/3/8	1174	电动牙刷	飞利浦	2
10	2020/3/8	1175	电动牙刷	飞利浦	8
11	2020/3/8	1196	电动牙刷	米家	3

图 6-37

	A	B	C	D	E
1	入库日期	入库单号	商品名称	品牌	入库数量
2	2020/2/7	1191	电动牙刷	拜耳	22
3	2020/6/20	1192	电动牙刷	拜耳	20
4	2020/6/22	1193	电动牙刷	拜耳	24
5	2020/6/24	1194	电动牙刷	拜耳	3
6	2020/6/26	1195	电动牙刷	拜耳	2
7	2020/1/7	1171	电动牙刷	飞利浦	30
8	2020/2/7	1172	电动牙刷	飞利浦	60
9	2020/3/8	1173	电动牙刷	飞利浦	6
10	2020/3/8	1174	电动牙刷	飞利浦	2
11	2020/3/8	1175	电动牙刷	飞利浦	8

图 6-38

打开"分类汇总"对话框，设置好分类字段、汇总方式以及汇总项，单击"确定"按钮，如图6-39所示。表格中随即对指定的字段完成了分类汇总，如图6-40所示。

图 6-39　　　　　　　　　　　图 6-40

办公小课堂

对表格中的字段执行分类汇总后，工作表的左上角会出现1、2、3三个小图标，这些是分级显示图标。单击图标"1"可查看汇总项的总计结果；单击图标"2"可查看分类汇总结果；单击图标"3"可查看分类汇总的明细数据。

6.4.2　嵌套分类汇总

嵌套分类汇总也可称为多项分类汇总，表示同时对多个字段进行多种方式的汇总。嵌套分类汇总之前同样需要对分类字段进行排序。

扫一扫　看视频

选中数据表中的任意一个单元格，在"数据"选项卡中单击"排序"按钮，打开"排序"对话框，对需要进行分类的字段进行排序，如图6-41所示。

单击"分类汇总"按钮，打开"分类汇总"对话框，先设置第一个分类字段、汇总方式以及汇总项，如图6-42所示。随后再次单击"分类汇总"按钮，打开"分类汇总"对话框，设置第二个分类字段、汇总方式以及汇总项（用户可同时选择多种汇总方式），取消"替换当前分类汇总"复选的勾选，最后单击"确定"按钮，如图6-43所示。

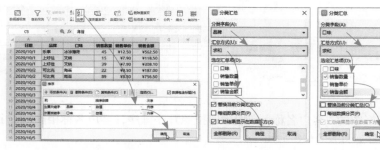

图 6-41　　　　　　　　图 6-42　　　　　　　图 6-43

表格中的数据随即完成嵌套分类汇总，如图6-44所示。若要取消分类汇总，需要再次单击"分类汇总"按钮，在"分类汇总"对话框中单击"全部删除"按钮，如图6-45所示。

图 6-44　　　　　　　　　　　图 6-45

分析客户订单明细

客户订单明细表中通常包含订单日期、订单编号、客户名称、商品名称、订购数量、订购金额等信息。用户可以根据实际需要使用排序、筛选、分类汇总等数据分析手段对客户订单明细表进行分析。

（1）对客户订单明细表进行排序

步骤01 选中数据表中的任意一个单元格，打开"数据"选项卡，单击"排序"按钮，如图6-46所示。

步骤02 打开"排序"对话框，设置"主要关键字"为"客户名称"，排序方式为"升序"；添加"次要关键字"为"金额"，排序方式为"降序"，设置完成后单击"确定"按钮，如图6-47所示。

图 6-46　　　　　　　　　　　图 6-47

步骤03 表格中的"客户名称"字段随即按照升序排序，客户名称相同时"金额"按照降序排序，如图6-48所示。

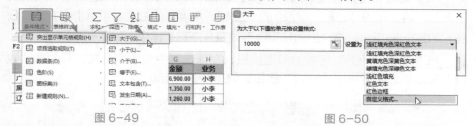

图 6-48

（2）突出显示超过1万的订单金额

步骤 01 选中金额字段中的所有数值，打开"开始"选项卡，单击"条件格式"下拉按钮，选择"突出显示单元格规则"选项，在其下级列表中选择"大于"选项，如图6-49所示。

步骤 02 弹出"大于"对话框，在文本框中输入数字"10000"。单击右侧下拉按钮，在下拉列表中选择"自定义格式"选项，如图6-50所示。

图 6-49　　　　　　　　　　　　图 6-50

步骤 03 打开"单元格格式"对话框，在"字体"界面中，设置字形为"加粗倾斜"，设置字体颜色为蓝色，设置完成后单击"确定"按钮，如图6-51所示。返回工作表，此时"金额"字段中大于1万的金额即被设置成了蓝色加粗倾斜的字体格式，如图6-52所示。

商品名称	数量	单价	金额	业务
静音050碎纸机	3	¥2,300.00	¥6,900.00	小李
咖啡机	3	¥450.00	¥1,350.00	小李
高密度板办公桌	2	¥630.00	¥1,260.00	小李
支票打印机	2	¥550.00	¥1,100.00	小李
SK05装订机	2	¥260.00	¥520.00	小李
多功能一体机	4	¥2,000.00	¥8,000.00	小李
多功能一体机	3	¥2,000.00	¥6,000.00	小李
4-20型碎纸机	3	¥1,200.00	¥3,600.00	小李
4-20型碎纸机	3	¥1,200.00	¥3,600.00	小李
高密度板办公桌	4	¥630.00	¥2,520.00	小李
静音050碎纸机	1	¥2,300.00	¥2,300.00	小李
支票打印机	4	¥550.00	¥2,200.00	小李
支票打印机	2	¥550.00	¥1,100.00	小李
指纹识别考勤机	4	¥230.00	¥920.00	小李
SK05装订机	3	¥260.00	¥780.00	小李
保险柜	5	¥3,200.00	¥16,000.00	钱波
档案柜	4	¥1,300.00	¥5,200.00	钱波
档案柜	4	¥1,300.00	¥5,200.00	钱波
M66超清投影仪	4	¥2,800.00	¥11,200.00	小李

图 6-51　　　　　　　　　　　　图 6-52

（3）筛选客户订单明细表

步骤 01 选中数据表中的任意单元格，按【Ctrl+Shift+L】组合键，为表格创建筛选。随后单击"日期"右侧筛选按钮，在筛选器中单击"日期筛选"按钮，选择"介于"选项，如图6-53所示。

步骤 02 弹出"自定义自动筛选方式"对话，分别在文本框中输入"2020/9/10""2020/9/30"，设置完成后单击"确定"按钮，如图6-54所示。

图 6-53　　　　　　　　　　　　图 6-54

步骤 03 此时表格中已经筛选出了介于2020/9/10和2020/9/30这两个日期的所有数据，再次单击"日期"字段的筛选按钮，在展开的筛选器中单击"升序"按钮，如图6-55所示。筛选出的日期随即按照升序重新排序，如图6-56所示。

步骤 04 单击"业务"字段的筛选按钮，在筛选器中先取消全选，只勾选"钱波"复选框，随后单击"确定"按钮，如图6-57所示。

图 6-55　　　　　　　图 6-56　　　　　　　图 6-57

步骤 05 数据表中即可筛选出2020/9/10至2020/9/30这个时间段内，业务员"钱波"的订单数据。若要取消多重筛选让所有数据重新显示出来，可以在"数据"选项卡中单击"全部显示"按钮，如图6-58所示。

	日期	客户名称	地区	商品名称	数量	单价	金额	业务
11	2020/9/11	丰顺电子有限公司	内蒙古	档案柜	4	¥1,300.00	¥5,200.00	钱波
17	2020/9/11	觅云计算机工程有限公司	江西	小型过塑机	3	¥740.00	¥2,220.00	钱波
19	2020/9/14	丰顺电子有限公司	内蒙古	保险柜	5	¥3,200.00	¥16,000.00	钱波
50								

图 6-58

（4）对客户订单明细表进行分类汇总

步骤 01 选中"客户名称"字段中的任意一个单元格，打开"数据"选项卡，单击"降序"按钮，对该字段进行简单排序，如图6-59所示。

步骤 02 选中数据表中的任意一个单元格，在"数据"选项卡中单击"分类汇总"按钮，如图6-60所示。

图 6-59   图 6-60

步骤 03 打开"分类汇总"对话框，设置分类字段为"客户名称"，汇总方式为"计数"，汇总项为"数量"，单击"确定"按钮，如图6-61所示。

步骤 04 再次单击"分类汇总"对话框，设置分类字段为"客户名称"，汇总方式为"求和"，汇总项为"金额"，取消"替换当前分类汇总"复选框的勾选，单击"确定"按钮，如图6-62所示。

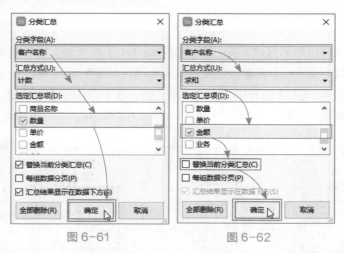

图 6-61   图 6-62

步骤 05 返回工作表，此时表格中已经按照对话框中的设置完成了嵌套分类汇总，如图6-63所示。

1 2 3 4		A	B	C	D	E	F	G	H	I
	1	日期	客户名称	地区	商品名称	数量	单价	金额	业务	
	2	2020/9/20	七色阳光科技有限公司	内蒙古	静音050碎纸机	4	¥2,300.00	¥9,200.00	娄储	
	3	2020/9/25	七色阳光科技有限公司	江苏	电话机-座机型	1	¥210.00	¥210.00	娄储	
	4	2020/9/26	七色阳光科技有限公司	宁夏	保险柜	2	¥3,200.00	¥6,400.00	娄储	
	5	2020/8/15	七色阳光科技有限公司	山东	008K点钞机	4	¥750.00	¥3,000.00	娄储	
	6	2020/8/18	七色阳光科技有限公司	内蒙古	咖啡机	5	¥450.00	¥2,250.00	娄储	
	7	2020/8/8	七色阳光科技有限公司	广东	指纹识别考勤机	1	¥230.00	¥230.00	娄储	
	8		七色阳光科技有限公司 汇总					¥21,290.00		
	9		七色阳光科技有限公司 计数							
	10	2020/9/11	昆云计算机工程有限公司	江西	小型过塑机	3	¥740.00	¥2,220.00	钱波	
	11	2020/8/31	昆云计算机工程有限公司	浙江	008K点钞机	5	¥750.00	¥3,750.00	钱波	
	12	2020/8/2	昆云计算机工程有限公司	天津市	名片扫描仪	4	¥600.00	¥2,400.00	钱波	
	13	2020/8/18	昆云计算机工程有限公司	广东	支票打印机	3	¥550.00	¥1,650.00	钱波	
	14	2020/8/15	昆云计算机工程有限公司	内蒙古	档案柜	1	¥1,300.00	¥1,300.00	钱波	
	15	2020/8/31	昆云计算机工程有限公司	甘肃	SK05装订机	2	¥260.00	¥520.00	钱波	
	16		昆云计算机工程有限公司 汇总					¥11,840.00		
	17		昆云计算机工程有限公司 计数				6			

图 6-63

步骤 06 单击工作表左上角的"3"按钮，显示分类汇总结果，将分类汇总结果选中，按【Ctrl+G】组合键，打开"定位"对话框，选中"可见单元格"单选按钮，单击"确定"按钮，如图6-64所示。

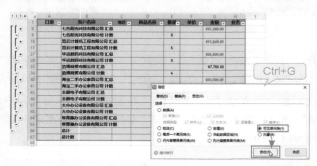

图 6-64

步骤 07 保持选中的区域不变，直接按【Ctrl+C】组合键，执行复制操作，此时所选区域中会出现很多滚动的绿色的蚂蚁线，如图6-65所示。

步骤 08 新建Sheet2工作表，选中A1单元格，按【Ctrl+V】组合键，即可将分类汇总的结果粘贴到Sheet2工作表中，如图6-66所示。

图 6-65 　　　　　　图 6-66

分析每月家庭消费明细表

本章主要介绍了数据分析的一些常用方法，例如排序、筛选、条件格式、分类汇总等。为了巩固所学知识，实现活学活用的教学目的，希望用户对每月家庭消费分析明细表进行分析，如图6-67所示。

操作提示

❶ 对家庭月消费明细表的"分类"字段进行"升序"排序。

❷ 对家庭月消费明细表进行分类汇总，分类字段为"分类"，汇总字段为"支出"。

❸ 在工作簿中新建一张工作表，将分类汇总结果复制到新建工作表中。

	日期	分类	类别	支出	支出方式
1	日期	分类	类别	支出	支出方式
2	6月10日	餐饮美食	吃饭	20	微信
3	6月16日	餐饮美食	家庭聚餐	200	花呗
4	6月25日	餐饮美食	零食	80	支付宝
5		餐饮美食 汇总		300	
6	6月5日	服饰美容	理发	20	支付宝
7	6月13日	服饰美容	买衣服	180	支付宝
8	6月19日	服饰美容	买衣服	300	花呗
9		服饰美容 汇总		500	
10	6月12日	其他费用	买药	55	银行卡
11	6月23日	其他费用	保险分摊	50	花呗
12	6月29日	其他费用	朋友结婚	500	微信
13		其他费用 汇总		605	
14	6月8日	生活日用	运动鞋	180	花呗
15	6月12日	生活日用	洗漱用品	230	银行卡
16	6月13日	生活日用	超市购物	220	银行卡
17	6月20日	生活日用	吹风机	79	花呗
18	6月21日	生活日用	净水机滤芯	100	微信
19	6月22日	生活日用	手机充值	100	银行卡
20	6月26日	生活日用	电费	150	银行卡
21	6月30日	生活日用	家具	1200	微信
22		生活日用 汇总		2259	
23	6月3日	学习教育	课外读物	59	微信
24	6月4日	学习教育	小说	32	微信
25	6月7日	学习教育	唐诗三百首	29	花呗
26		学习教育 汇总		120	
27		总计		3784	

分类	支出
餐饮美食 汇总	300
服饰美容 汇总	500
其他费用 汇总	605
生活日用 汇总	2259
学习教育 汇总	120
总计	3784

图6-67

第7章
公式与函数实
现快速计算

WPS的计算能力十分强大，使用公式和函数能够快速计算出复杂数据的结果，对提高工作效率会有很大的帮助。本章将对公式和函数的应用进行详细介绍。

7.1

熟悉公式

WPS公式是对工作表中的数据进行计算的等式，也是一种数学运算式。即使是复杂的数据使用公式也能轻松计算出结果。

WPS公式的等号是写在公式的开始处的。一个完整的WPS公式通常是由等号、函数、括号、单元格引用、常量、运算符等构成。其中常量可以是数字、文本或其他符号，当常量不是数字时必须要使用双引号。

（1）公式的主要组成部分

下面是一个从身份证号码中提取性别的公式，那么这个公式由哪些部分组成呢？除了图上标注出的这些主要组成部分外，这个公式中还包含括号、分隔符以及双引号，如图7-1所示。

图 7-1

（2）运算符的类型和作用

运算符是公式中十分重要的组成部分，共分为4种类型，分别是算术运算符、比较运算符、文本运算符及引用运算符。

① 算术运算符　算术运算符用来完成基本的数学运算，例如+（加）、-（减）、*（乘）、/（除）等，各种算术运算符的作用见表7-1。

表7-1

算术运算符	名称	含义	示例
+	加号	进行加法运算	A1+B1
-	减号	进行减法运算	A1-B1
	负号	求相反数	-30
*	乘号	进行乘法运算	A1*3
/	除号	进行除法运算	A1/2

续表

算术运算符	名称	含义	示例
%	百分号	将值缩小 100 倍	50%
^	乘方	进行乘方运算	2^3

② 比较运算符　比较运算符用来对两个数值进行比较，产生的结果为逻辑值 TRUE（真）或 FALSE（假）。比较运算符有 =（等于）、>（大于）、<（小于）、>=（大于或等于）、<=（小于或等于）、<>（不等于），各种比较运算符的用法见表7-2。

表7-2

比较运算符	名称	含义	示例
=	等号	判断左右两边的数据是否相等	A1=B1
>	大于号	判断左边的数据是否大于右边的数据	A1>B1
<	小于号	判断左边的数据是否小于右边的数据	A1<B1
>=	大于或等于号	判断左边的数据是否大于或等于右边的数据	A1>=B1
<=	小于或等于号	判断左边的数据是否小于或等于右边的数据	A1<=B1
<>	不等于	判断左右两边的数据是否不相等	A1<>B1

③ 文本运算符　文本运算符"&"用来将一个或多个文本连接成为一个组合文本，见表7-3。

表7-3

文本运算符	名称	含义	示例
&	连接符号	将两个文本连接在一起形成一个连续的文本	A1&B1

④ 引用运算符　引用运算符用来将单元格区域合并运算，具体用法见表7-4。

表7-4

引用运算符	名称	含义	示例
:	冒号	对两个引用之间，包括两个引用在内的所有单元格进行引用	A1:C5
空格	单个空格	对两个引用相交叉的区域进行引用	(B1:B5 A3:D3)
,	逗号	将多个引用合并为一个引用	(A1:C5,D3:E7)

办公小课堂

当公式中包含多种类型的运算符时，将按运算符的优先级由高到低进行运算（相同优先级的运算符，从左到右进行计算）。若想指定运算顺序，可用小括号括起相应部分。

优先级别由高到低依次为：引用运算符、负号、百分比、乘方、乘除、加减、连接符、比较运算符。

7.1.2 输入和编辑公式

输入公式看似简单，其实有很多的技巧，掌握了公式的输入技巧，不仅可以提高输入速度，还能够降低出错率。

（1）输入公式

选中F2单元格，先输入等号“=”将光标移动到C2单元格上方并单击，即可将该单元格地址输入到公式中，如图7-2所示。手动输入运算符号，继续向公式中引用单元格，直到公式输入完成，如图7-3所示。

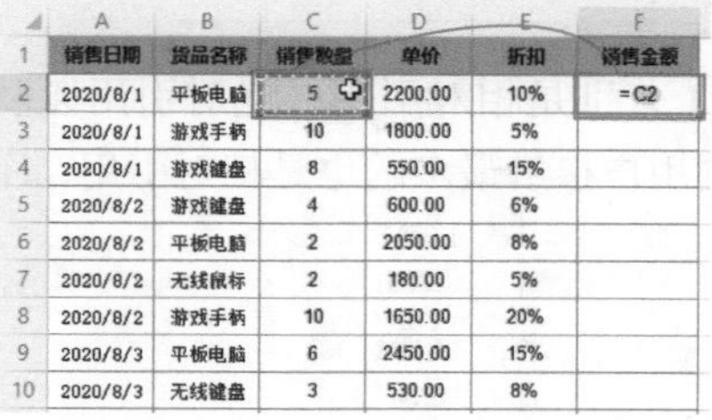

	A	B	C	D	E	F
1	销售日期	货品名称	销售数量	单价	折扣	销售金额
2	2020/8/1	平板电脑	5	2200.00	10%	=C2
3	2020/8/1	游戏手柄	10	1800.00	5%	
4	2020/8/1	游戏键盘	8	550.00	15%	
5	2020/8/2	游戏键盘	4	600.00	6%	
6	2020/8/2	平板电脑	2	2050.00	8%	
7	2020/8/2	无线鼠标	2	180.00	5%	
8	2020/8/2	游戏手柄	10	1650.00	20%	
9	2020/8/3	平板电脑	6	2450.00	15%	
10	2020/8/3	无线键盘	3	530.00	8%	

图 7-2

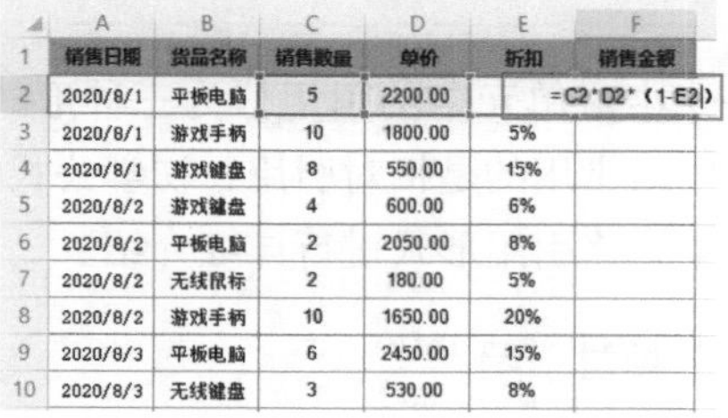

	A	B	C	D	E	F
1	销售日期	货品名称	销售数量	单价	折扣	销售金额
2	2020/8/1	平板电脑	5	2200.00	=C2*D2*(1-E2)	
3	2020/8/1	游戏手柄	10	1800.00	5%	
4	2020/8/1	游戏键盘	8	550.00	15%	
5	2020/8/2	游戏键盘	4	600.00	6%	
6	2020/8/2	平板电脑	2	2050.00	8%	
7	2020/8/2	无线鼠标	2	180.00	5%	
8	2020/8/2	游戏手柄	10	1650.00	20%	
9	2020/8/3	平板电脑	6	2450.00	15%	
10	2020/8/3	无线键盘	3	530.00	8%	

图 7-3

公式输入完成后按【Enter】键即可返回计算结果。随后再次选中F2单元格，将光标放在单元格右下角，如图7-4所示。光标变成黑色“**+**”形状时按住鼠标左键向下拖动，拖动到最后一个具有相同计算规律的单元格后松开鼠标，鼠标拖动过的单元格即被自动填充了公式，如图7-5所示。

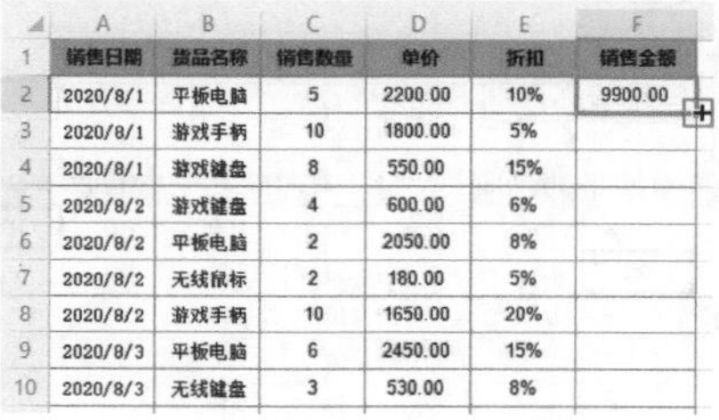

	A	B	C	D	E	F
1	销售日期	货品名称	销售数量	单价	折扣	销售金额
2	2020/8/1	平板电脑	5	2200.00	10%	9900.00
3	2020/8/1	游戏手柄	10	1800.00	5%	
4	2020/8/1	游戏键盘	8	550.00	15%	
5	2020/8/2	游戏键盘	4	600.00	6%	
6	2020/8/2	平板电脑	2	2050.00	8%	
7	2020/8/2	无线鼠标	2	180.00	5%	
8	2020/8/2	游戏手柄	10	1650.00	20%	
9	2020/8/3	平板电脑	6	2450.00	15%	
10	2020/8/3	无线键盘	3	530.00	8%	

图 7-4

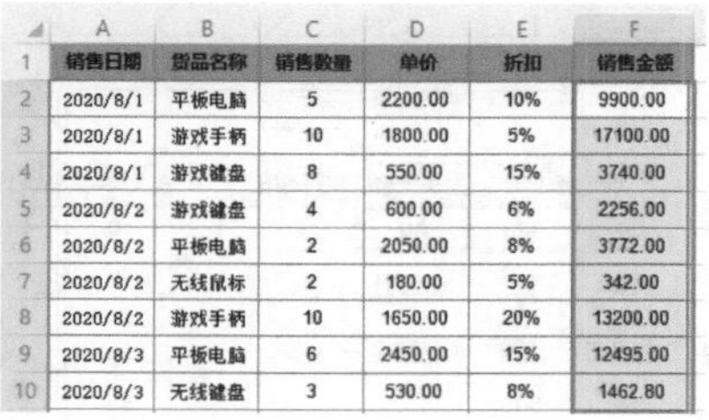

	A	B	C	D	E	F
1	销售日期	货品名称	销售数量	单价	折扣	销售金额
2	2020/8/1	平板电脑	5	2200.00	10%	9900.00
3	2020/8/1	游戏手柄	10	1800.00	5%	17100.00
4	2020/8/1	游戏键盘	8	550.00	15%	3740.00
5	2020/8/2	游戏键盘	4	600.00	6%	2256.00
6	2020/8/2	平板电脑	2	2050.00	8%	3772.00
7	2020/8/2	无线鼠标	2	180.00	5%	342.00
8	2020/8/2	游戏手柄	10	1650.00	20%	13200.00
9	2020/8/3	平板电脑	6	2450.00	15%	12495.00
10	2020/8/3	无线键盘	3	530.00	8%	1462.80

图 7-5

技巧延伸

　　填充公式后随着公式位置的变化，公式中所引用的单元格也会随之改变，如图7-6所示。

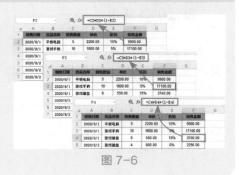

图 7-6

（2）编辑公式

　　若公式的编写存在错误，可对公式进行重新编辑，启动公式的编辑状态有多种方法，下面将逐一进行介绍。

　　① 双击公式所在单元格可进入公式编辑状态。

　　② 选中公式所在单元格，按【F2】键进入公式编辑状态。

　　③ 选中公式所在单元格，将光标定位在编辑栏中对公式进行编辑。

7.1.3　单元格的引用形式

　　公式中对单元格的引用分为三种形式，分别是相对引用、绝对引用以及混合引用。其中最常用的是相对引用，初学公式的用户接触最多的也是相对引用，下面将对这三种单元格引用形式进行详细介绍。

（1）相对引用

　　下面举个最简单的例子来说明什么是引用。选中C2单元格，输入公式"=A2"，这个公式中的"A2"即是相对引用，如图7-7所示。将公式向下填充至C3单元格，则公式中引用的单元格自动变成了"A3"，如图7-8所示。若将C2单元格中的公式向右侧填充至D2单元格，则公式中引用的单元格自动变成"B2"，如图7-9所示。

　　由此可见，相对引用时公式与单元格的位置是相对的，单元格会随着公式的移动自动改变。

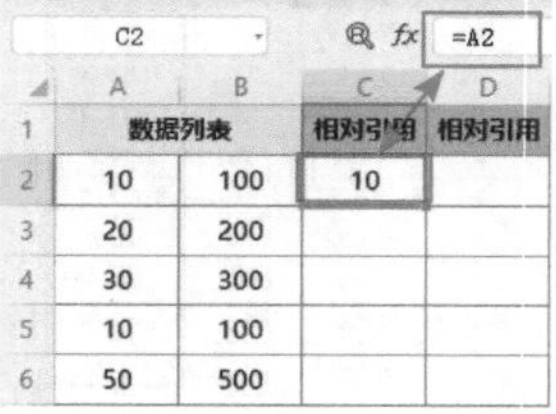

图 7-7 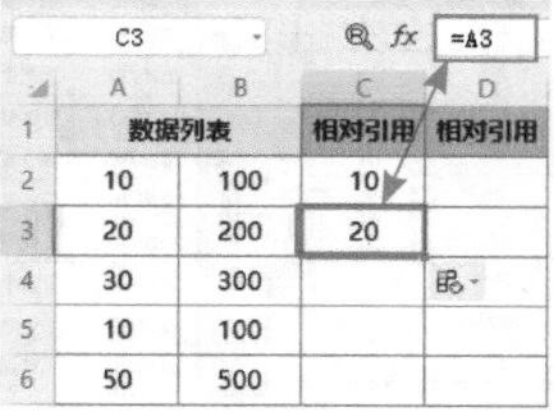　　　　　　　图 7-8 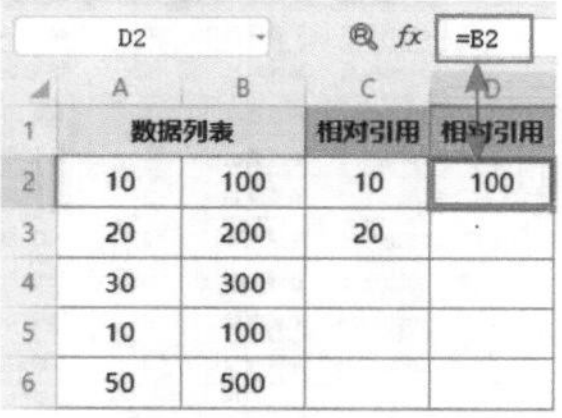　　　　　　　图 7-9

（2）绝对引用

单元格地址是由行号和列标组成的，而绝对引用的单元格，行号和列标前都有"$"符号，如图7-10所示。不管公式移动到什么位置，公式中的绝对引用单元格都不会发生变化，如图7-11、图7-12所示。

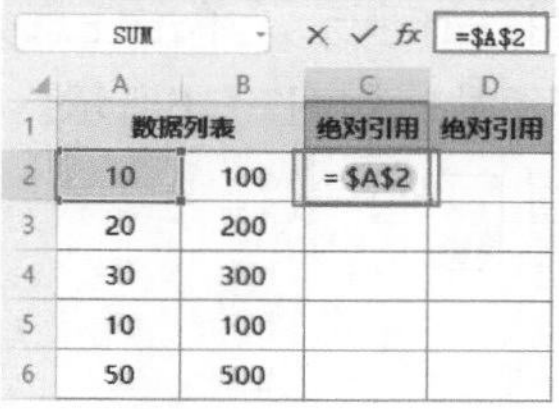

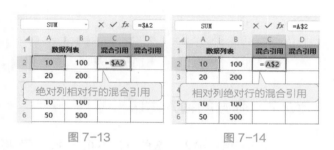

图 7-10 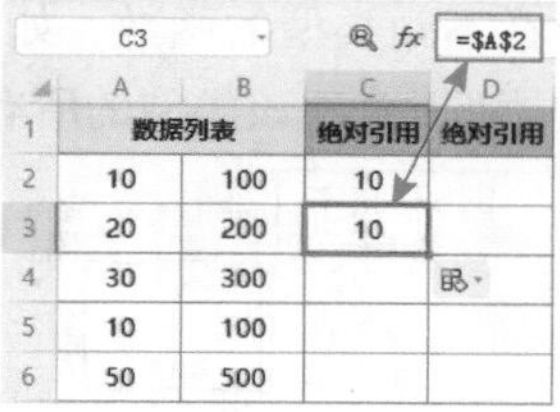　　　　　　　　图 7-11 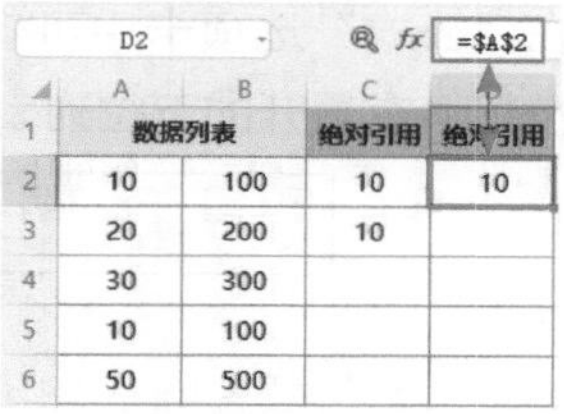　　　　　　　　图 7-12

（3）混合引用

混合引用是相对引用和绝对引用的混合，只在行号或列标前面添加"$"符号，如图7-13、图7-14所示。当公式被移动的时候，所引用的单元格只有未被锁定的部分会发生变化。

图 7-13　　　　　　　　图 7-14

技巧延伸

在公式中引用单元格时，可以借助【F4】键快速输入绝对值符号。选中单元格名称，按1次【F4】键单元格变成绝对引用，按2次【F4】键变成相对列绝对行的混合引用，按3次【F4】键变成绝对列相对行的混合引用，按4次【F4】键恢复相对引用。

7.2

认识函数

函数其实就是预定的公式，它们用参数按照特定的结构进行计算。在复杂的计算时函数可以有效地简化和缩短公式。

7.2.1 函数的类型

根据运算类别及应用行业的不同，WPS中的函数可分为财务函数、逻辑函数、文本函数、日期和时间函数、查找与引用函数、数学和三角函数、统计函数、工程函数、信息函数等。

在"公式"选项卡中可查看不同类型的函数，如图7-15所示。单击任意类型的函数按钮，在展开的下拉列表中可以查看该类型的所有函数，如图7-16所示。

图 7-15　　　　图 7-16

7.2.2 函数的输入方法

在WPS表格中输入函数的方法不止一种，下面将以从"谷物销售明细明表"中查询"红豆"的销售额为例，对常用的函数输入方法进行介绍。

（1）在"公式"选项卡中输入函数

选中需要输入公式的单元格，打开"公式"选项卡，单击"查找与引用"下拉按钮，选择"VLOOKUP"选项，如图7-17所示。系统会弹出"函数参数"对话框，在该对话框中设置好各项参数，单击"确定"按钮，如图7-18所示。此时，所选单元格中已

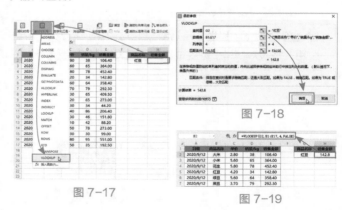

图 7-17　　　图 7-18

图 7-19

经被插入了由VLOOKUP函数编写的公式，并自动返回了计算结果，在编辑栏中可查看完整的公式，如图7-19所示。

（2）使用"插入函数"对话框中输入

选中需要输入公式的单元格，单击编辑栏左侧的"插入函数"按钮。弹出"插入函数"对话框，选择函数类型为"查找与引用"，在"选择函数"列表框中选择VLOOKUP选项，单击"确定"按钮。打开"函数参数"对话框，设置好各项参数，单击"确定"按钮即可，如图7-20所示。

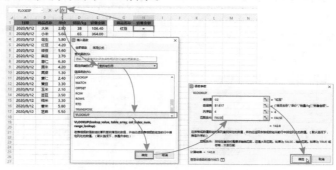

图 7-20

（3）手动输入函数

若能准确拼写需要使用的函数（或至少能拼写出该函数的前几个字母），且对该函数的参数有足够的了解，也可手动输入函数。

选中需要输入公式的单元格，先输入"="，接着手动输入函数名称，当输入第一个字母后，单元格下方会出现以该字母开头的函数列表（若列表中的函数比较多，不容易找到需要的函数，可再多输入几个字母），双击"VLOOKUP"选项，如图7-21所示。

所选函数随即被输入到公式中，函数后面自动添加一对括号，此时，公式下方会显示该函数的参数提示，如图7-22所示。

根据参数提示在括号中依次设置参数，每个参数之间都要用"，"符号隔开，设置到某些参数时，下方还会出现相应的选择列表，用户可从列表中选择该参数，如图7-23所示。所有参数设置完成后按【Enter】键即可返回计算结果，如图7-24所示。

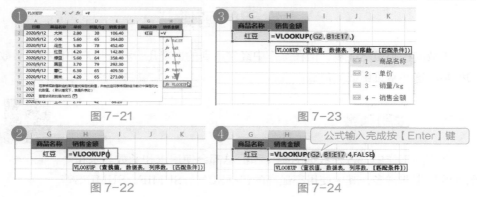

图 7-21 图 7-23

图 7-22 图 7-24

7.2.3 自动计算

一些常用的简单计算，例如求和、求平均值、求最大值或最小值等可以使用WPS的自动计算功能进行计算。具体操作方法如下。

选中E17单元格，打开"公式"选项卡，单击"自动求和"按钮，所选单元格中随即自动输入求和公式，如图7-25所示。按【Enter】键即可返回计算结果，如图7-26所示。

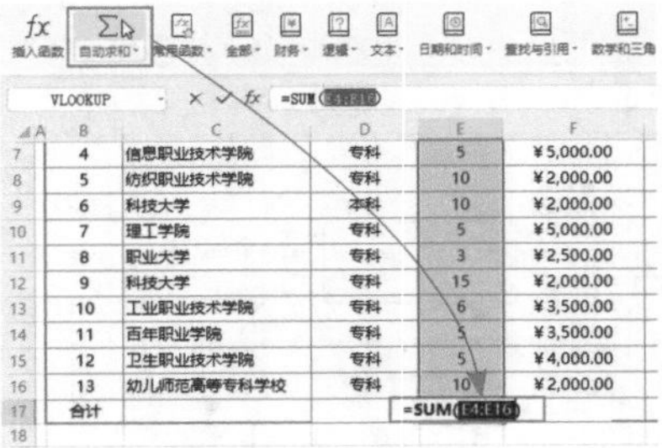

图 7-25

图 7-26

办公小课堂

若在"公式"选项卡中单击"自动求和"下拉按钮，通过下拉列表中的选项还可执行求平均值、计数、最大值、最小值计算，如图7-27所示。

图 7-27

7.3

常用的函数

函数的种类虽然很多，但在工作中经常用到的也就几十种，用户可以根据函数的类型学习这些常见函数的用法。

7.3.1 求和函数

在实际工作中，各种数据的统计和汇总都会使用求和函数。求和函数的种类非常多，其中使用率最高的包括SUM、SUMIF、SUMIFS等。

（1）SUM函数

SUM函数是最基础的求和函数，它的作用是返回指定单元格区域中的所有数据之和。如果参数中有错误值或不能转换成数字的文本，将会返回错误值。

语法格式：SUM（数值1，…）

应用示例：

根据各地区饮品销量明细表，计算矿泉水销量以及华东和华北两个地区的总销量。

选中C9单元格，输入"=SUM"，按【Enter】键，函数后面会自动输入一对括号，此时光标自动定位在括号中间，如图7-28所示。

将光标移动到表格上方，拖动鼠标选择"B2:E2"单元格区域，所选区域地址随即被引用到了公式中，按【Enter】键即可计算出矿泉水的销量，如图7-29所示。

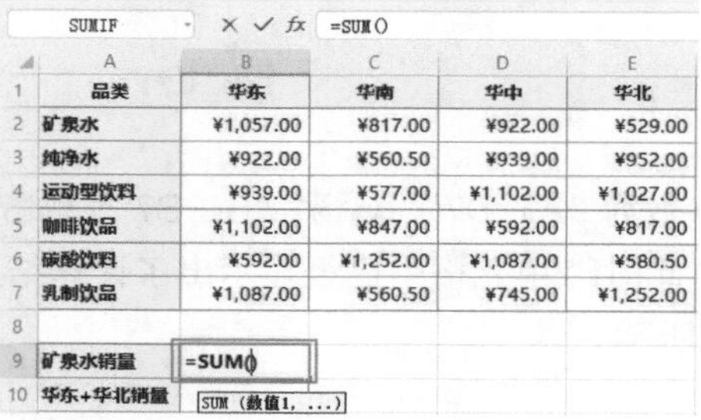

图 7-28

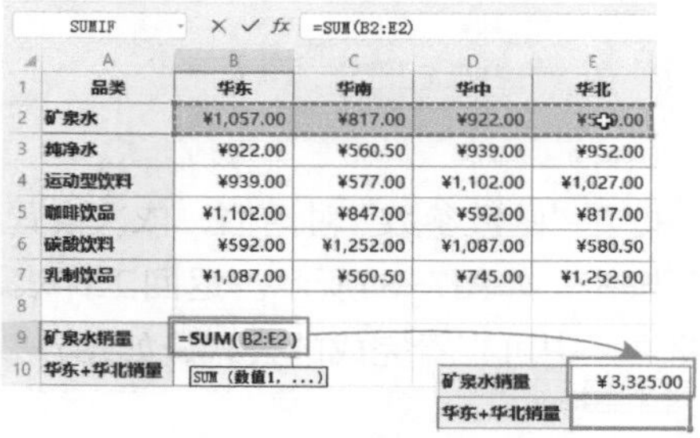

图 7-29

当要对多个区域中的数据进行求和时，可将这些区域依次设置成SUM函数的参数。接下来计算华东和华北地区的销售总和。

选中B10单元格，输入公式"=SUM(B2:B7,E2:E7)"，如图7-30所示。公式输入完成后按【Enter】键即可返回计算结果，如图7-31所示。

图 7-30

图 7-31

（2）SUMIF函数

SUMIF函数可以对指定范围内符合条件的数据求和，该函数共有3个参数。

语法格式：SUMIF(区域，条件，求和区域)

应用示例：

根据食品卡路里和脂肪表，计算鸡汤的脂肪克数总和。

选中F2单元格，打开"公式"选项卡，单击"插入函数"按钮，如图7-32所示，弹出"插入函数"对话框，选择函数类型为"数学与三角函数"，在列表框中选中"SUMIF"选项，单击"确定"按钮，如图7-33所示。

图 7-32   图 7-33

打开"函数参数"对话框，依次设置参数为"A1:D7""鸡汤""B1:B7"，单击"确定"按钮，如图7-34所示。返回工作表，此时F2单元格中已经显示出了计算结果，在编辑栏中可查看完成的公式，如图7-35所示。

图 7-34   图 7-35

SUMIF函数也可设置比较条件，例如统计高于200的卡路里总和。函数参数设置如图7-36所示。公式返回结果如图7-37所示。

图 7-36   图 7-37

技巧延伸

在公式中设置文本条件或比较条件时，需要使用英文双引号，否则公式无法正常返回计算结果。

（3）SUMIFS函数

SUMIFS函数用于计算其满足多个条件的全部参数的总和，该函数最多可以输入127个区域/条件对。

语法格式：SUMIFS(求和区域，区域1，条件1…)

应用示例：

计算报价单中产品名称最后两个字是"开关"且单价大于1000的产品总价之和。

选中 J4单元格，输入公式"=SUMIFS($G$2:$G$17,$B$2:$B$17,"*开关",$F$2:$F$17,">1000")"，输入完成后按【Enter】键返回求和结果，如图7-38所示。

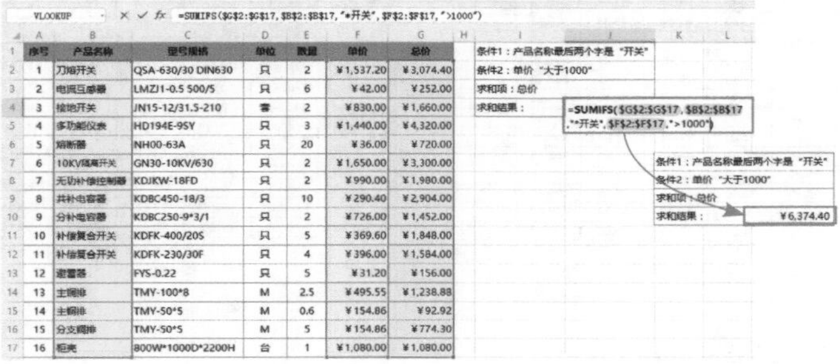

图 7-38

办公小课堂

在这个公式中，每个参数的含义如图7-39所示，其中第3个参数中的"*开关"部分中的"*"是通配符，表示任意个数的字符。

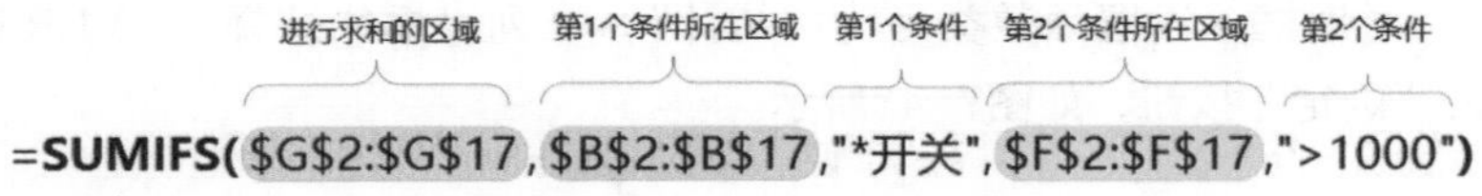

| 进行求和的区域 | 第1个条件所在区域 | 第1个条件 | 第2个条件所在区域 | 第2个条件 |

=**SUMIFS**($G$2:$G$17, $B$2:$B$17, "*开关", $F$2:$F$17, ">1000")

图 7-39

7.3.2 统计函数

WPS中有几十种统计函数，除了专业的统计人员，一般情况下只要了解一些常用的统计函数就足以解决工作中的大部分问题。

（1）AVERAGE函数

AVERAGE函数是求平均值函数，用于计算所有参数的算数平均值，参数可以是数值、名称、数组或引用。

语法格式：AVERAGE(数值1…)

应用示例：

在员工绩效考核成绩表中计算每位员工的平均成绩。

选中H2单元格，输入公式“=AVERAGE(B2:F2)”，如图7-40所示。公式输入完成后按【Enter】键返回计算结果，随后再次选中H2单元格，向下拖动填充柄，完成公式的填充，计算出其他员工的平均分，如图7-41所示。

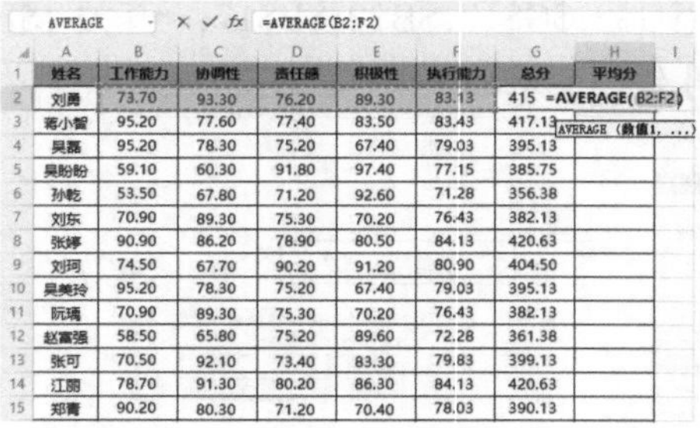

AVERAGE =AVERAGE(B2:F2)

	A	B	C	D	E	F	G	H
1	姓名	工作能力	协调性	责任感	积极性	执行能力	总分	平均分
2	刘勇	73.70	93.30	76.20	89.30	83.13	415	=AVERAGE(B2:F2)
3	蒋小智	95.20	77.60	77.40	83.50	83.43	417.13	AVERAGE（数值1，…）
4	吴磊	95.20	78.30	75.20	67.40	79.03	395.13	
5	吴盼盼	59.10	60.30	91.80	97.40	77.15	385.75	
6	孙乾	53.50	67.80	71.20	92.60	71.28	356.38	
7	刘东	70.90	89.30	75.30	70.20	76.43	382.13	
8	张婷	90.90	86.20	78.90	80.50	84.13	420.63	
9	刘珂	74.50	67.70	90.20	91.20	80.90	404.50	
10	吴美玲	95.20	78.30	75.20	67.40	79.03	395.13	
11	阮璃	70.90	89.30	75.30	70.20	76.43	382.13	
12	赵富强	58.50	65.80	75.20	89.60	72.28	361.38	
13	张可	70.50	92.10	73.40	83.30	79.83	399.13	
14	江朋	78.70	91.30	80.20	86.30	84.13	420.63	
15	郑青	90.20	80.30	71.20	70.40	78.03	390.13	

图 7-40

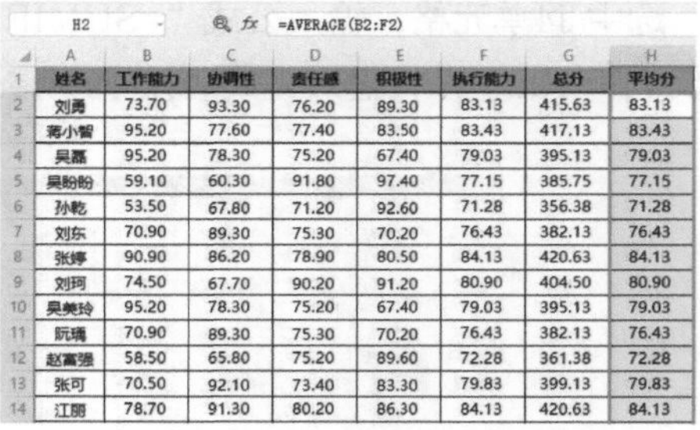

H2 =AVERAGE(B2:F2)

	A	B	C	D	E	F	G	H
1	姓名	工作能力	协调性	责任感	积极性	执行能力	总分	平均分
2	刘勇	73.70	93.30	76.20	89.30	83.13	415.63	83.13
3	蒋小智	95.20	77.60	77.40	83.50	83.43	417.13	83.43
4	吴磊	95.20	78.30	75.20	67.40	79.03	395.13	79.03
5	吴盼盼	59.10	60.30	91.80	97.40	77.15	385.75	77.15
6	孙乾	53.50	67.80	71.20	92.60	71.28	356.38	71.28
7	刘东	70.90	89.30	75.30	70.20	76.43	382.13	76.43
8	张婷	90.90	86.20	78.90	80.50	84.13	420.63	84.13
9	刘珂	74.50	67.70	90.20	91.20	80.90	404.50	80.90
10	吴美玲	95.20	78.30	75.20	67.40	79.03	395.13	79.03
11	阮璃	70.90	89.30	75.30	70.20	76.43	382.13	76.43
12	赵富强	58.50	65.80	75.20	89.60	72.28	361.38	72.28
13	张可	70.50	92.10	73.40	83.30	79.83	399.13	79.83
14	江朋	78.70	91.30	80.20	86.30	84.13	420.63	84.13

图 7-41

（2）AVERAGEIF函数

AVERAGEIF函数可以返回指定区域内满足给定条件的所有单元格的算数平均值。

语法格式：AVERAGEIF(区域，条件，求平均值区域)

应用示例：

在员工绩效考核成绩表中计算“生产部”的平均分数。

选中H20单元格，单击编辑栏右侧的“插入函数”按钮，如图7-42所示。弹出“插入函数”对话框，设置函数类型为“统计”，在列表框中选择“AVERAGEIF”选项，单击“确定”按钮，如图7-43所示。

H20

	A	B	C	D	E	F	G	H
1	姓名	部门	工作能力	协调性	责任感	积极性	执行能力	总分
2	刘勇	业务部	73.70	93.30	76.20	89.30	83.13	415.63
3	蒋小智	生产部	95.20	77.60	77.40	83.50	83.43	417.13
4	吴磊	行政部	95.20	78.30	75.20	67.40	79.03	395.13
5	吴盼盼	生产部	59.10	60.30	91.80	97.40	77.15	385.75
6	孙乾	业务部	53.50	67.80	71.20	92.60	71.28	356.38
7	刘东	行政部	70.90	89.30	75.30	70.20	76.43	382.13
8	张婷	财务部	90.90	86.20	78.90	80.50	84.13	420.63
9	刘珂	财务部	74.50	67.70	90.20	91.20	80.90	404.50
10	吴美玲	设计部	95.20	78.30	75.20	67.40	79.03	395.13
11	阮璃	设计部	70.90	89.30	75.30	70.20	76.43	382.13
12	赵富强	业务部	58.50	65.80	75.20	89.60	72.28	361.38
13	张可	财务部	70.50	92.10	73.40	83.30	79.83	399.13
14	江朋	行政部	78.70	91.30	80.20	86.30	84.13	420.63
15	郑青	生产部	90.20	80.30	71.20	70.40	78.03	390.13
16	王蕾	生产部	58.50	65.80	75.20	89.60	72.28	361.38
17	蒋芳芳	设计部	73.70	93.30	76.20	89.30	83.13	415.63
18	刘晓莉	行政部	79.50	65.70	94.20	88.20	81.90	409.50
19	丁凯	生产部	76.30	80.30	58.10	68.30	70.75	353.75
20	生产部平均分							

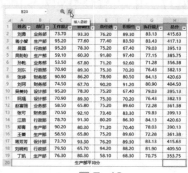

图 7-42

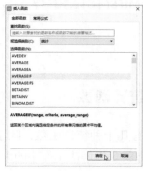

图 7-43

打开“函数参数”对话框，依次设置参数为“B2:H19”“生产部”“H2:H19”，单击“确定”按钮，如图7-44所示。H20单元格中随即返回计算结果，如图7-45所示。

图 7-44   图 7-45

（3）COUNT函数

COUNT函数的作用是统计指定区域中包含数字的单元格个数。错误值或其他无法转换成数字的文字将被忽略。

语法格式：COUNT(值1…)

应用示例：

在学生出勤统计表中计算7月份上课天数。

选中E2单元格，输入公式"=COUNT(C2:C31)"，如图7-46所示。公式输入完成后按【Ctrl+Enter】组合键，返回统计结果（使用该组合键返回公式结果时，所选单元格不会向下移动，依然保持选中公式所在单元格），如图7-47所示。

图 7-46   图 7-47

（4）COUNTIF函数

COUNTIF函数的作用是计算指定区域中满足给定条件的单元格个数。

语法格式：COUNTIF(区域，条件)

应用示例：

在学生出勤统计表中计算学生7月份全勤的天数（出勤人数为30人时为全勤）。

选中E2单元格，输入公式"=COUNTIF(C2:C31,"=30")"，如图7-48所示。按【Ctrl+Enter】组合键返回统计结果，如图7-49所示。

图 7-48　　　　　　　　　　图 7-49

（5）MAX/MIN函数

MAX函数的作用是计算一组数据中的最大值。参数列表中的文本和逻辑值会被忽略。

语法格式：MAX(数值1…)

MIN函数的作用和MAX函数相反，它可以计算给定参数中的最小值。MIN函数同样忽略参数中的文本和逻辑值。

语法格式：MIN(数值1…)

应用示例：

在保龄球比赛情况表中统计最高分和最低分。

选中G2单元格，输入公式"=MAX(E2:E11)"，按【Enter】键返回结果，统计出比赛成绩中的最高分，如图7-50所示。

选中H2单元格，输入公式"=MIN(E2:E11)"，按【Enter】键返回结果，统计出比赛成绩中的最低分，如图7-51所示。

图 7-50 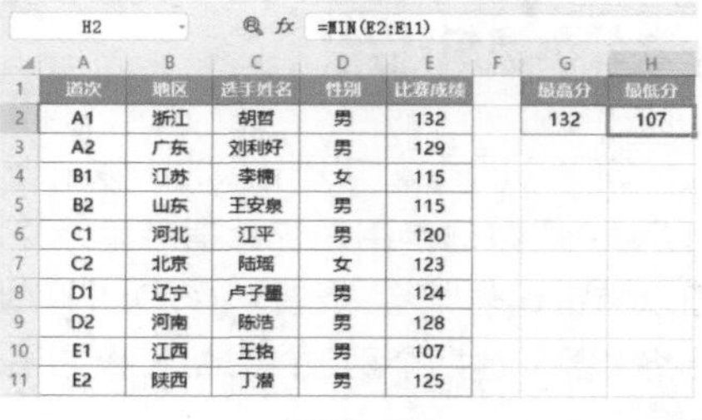　　　　　　　　　　图 7-51

（6）RANK函数

RANK函数是排名函数，可对一组数字按大小进行排位，排位是相对于列表中其他值的大小进行的。

语法格式：RANK(数值，引用，排位方式)

应用示例：

在保龄球比赛情况表中为比赛成绩排名。

选中F2单元格，输入公式"=RANK(E2,$E$2:$E$11)"，如图7-52所示，输入完成后按【Enter】键返回计算结果，随后将F2单元格中的公式填充至F3:F11单元格区域，返回每个比赛成绩的排名，如图7-53所示。

	A	B	C	D	E	F	G
1	道次	地区	选手姓名	性别	比赛成绩	排名	
2	A1	浙江	胡哲	男	=RANK(E2,$E$2:$E$11)		
3	A2	广东	刘利好	男	129	RANK（数值，引用，[排位方式]）	
4	B1	江苏	李楠	女	115		
5	B2	山东	王安泉	男	115		
6	C1	河北	江平	男	120		
7	C2	北京	陆瑶	女	123		
8	D1	辽宁	卢子墨	男	124		
9	D2	河南	陈洁	男	128		
10	E1	江西	王铭	男	107		
11	E2	陕西	丁潜	男	125		

图 7-52

	A	B	C	D	E	F
1	道次	地区	选手姓名	性别	比赛成绩	排名
2	A1	浙江	胡哲	男	132	1
3	A2	广东	刘利好	男	129	2
4	B1	江苏	李楠	女	115	8
5	B2	山东	王安泉	男	115	8
6	C1	河北	江平	男	120	7
7	C2	北京	陆瑶	女	123	6
8	D1	辽宁	卢子墨	男	124	5
9	D2	河南	陈洁	男	128	3
10	E1	江西	王铭	男	107	10
11	E2	陕西	丁潜	男	125	4

图 7-53

技巧延伸

RANK函数的第三个参数代表排位方式，当该参数为0或忽略时，排位结果是基于要排位的数据降序排序的列表，当该参数不为0时，排位结果是基于要排位的数据升序排序的列表。

7.3.3 查找与引用函数

查找与引用函数可以通过各种关键字查找工作表中的值，识别单元格位置等。下面将对查找与引用函数中的一些常见函数进行介绍。

扫一扫 看视频

（1）VLOOKUP函数

VLOOKUP函数可以按照指定的查找值从工作表中查找相应的数据。

语法格式：VLOOKUP(查找值，数据表，列序数，匹配条件)

应用示例：

根据员工工资表查询指定员工的基本工资及实发工资。

选中K3单元格，输入公式“=VLOOKUP($J$3,$B$1:$H$17,3,FALSE)”，输入完成后按【Enter】键即可从工资表中查询到指定员工的基本工资。随后将该公式填充至L3单元格，如图7-54所示。

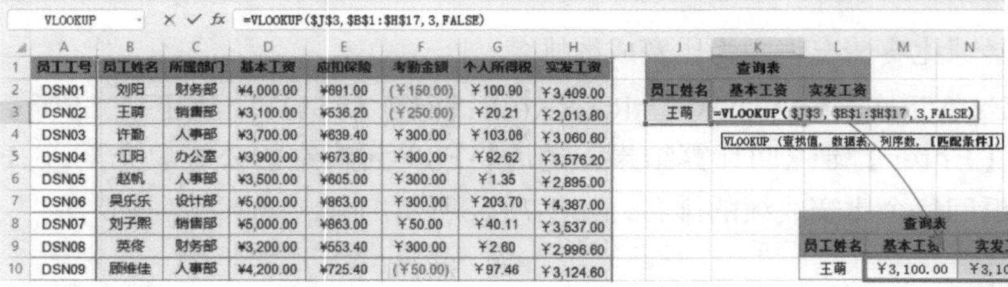

员工工号	员工姓名	所属部门	基本工资	应扣保险	考勤金额	个人所得税	实发工资
DSN01	刘阳	财务部	¥4,000.00	¥691.00	(￥150.00)	￥100.90	￥3,409.00
DSN02	王萌	销售部	¥3,100.00	¥536.20	(￥250.00)	￥20.21	￥2,013.80
DSN03	许勤	人事部	¥3,700.00	¥639.40	￥300.00	￥103.06	￥3,060.60
DSN04	江阳	办公室	¥3,900.00	¥673.80	￥300.00	￥92.62	￥3,576.20
DSN05	赵帆	人事部	¥3,500.00	¥605.00	￥300.00	￥1.35	￥2,895.00
DSN06	吴乐乐	设计部	¥5,000.00	¥863.00	￥300.00	￥203.70	￥4,387.00
DSN07	刘子熙	销售部	¥5,000.00	¥863.00	￥50.00	￥40.11	￥3,537.00
DSN08	英佟	财务部	¥3,200.00	¥553.40	￥300.00	￥2.60	￥2,996.60
DSN09	顾维佳	人事部	¥4,200.00	¥725.40	(￥50.00)	￥97.46	￥3,124.60

图7-54

此时需要对实发工资的公式进行修改，选中L3单元格并双击，进入公式编辑状态，将公式中的“3”修改成“7”，再次按【Enter】键，返回指定员工的实发工资，如图7-55所示。

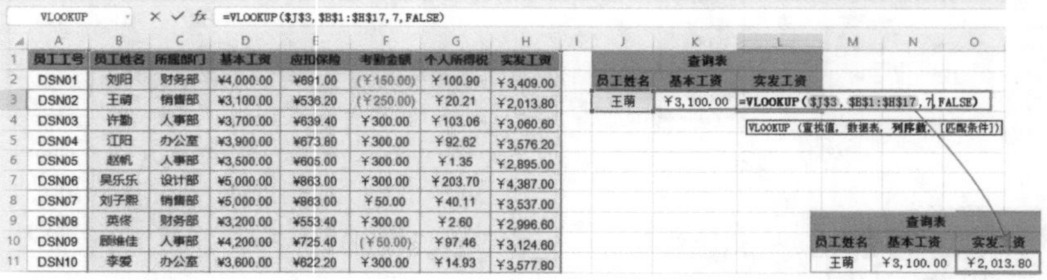

员工工号	员工姓名	所属部门	基本工资	应扣保险	考勤金额	个人所得税	实发工资
DSN01	刘阳	财务部	¥4,000.00	¥691.00	(￥150.00)	￥100.90	￥3,409.00
DSN02	王萌	销售部	¥3,100.00	¥536.20	(￥250.00)	￥20.21	￥2,013.80
DSN03	许勤	人事部	¥3,700.00	¥639.40	￥300.00	￥103.06	￥3,060.60
DSN04	江阳	办公室	¥3,900.00	¥673.80	￥300.00	￥92.62	￥3,576.20
DSN05	赵帆	人事部	¥3,500.00	¥605.00	￥300.00	￥1.35	￥2,895.00
DSN06	吴乐乐	设计部	¥5,000.00	¥863.00	￥300.00	￥203.70	￥4,387.00
DSN07	刘子熙	销售部	¥5,000.00	¥863.00	￥50.00	￥40.11	￥3,537.00
DSN08	英佟	财务部	¥3,200.00	¥553.40	￥300.00	￥2.60	￥2,996.60
DSN09	顾维佳	人事部	¥4,200.00	¥725.40	(￥50.00)	￥97.46	￥3,124.60
DSN10	李爱	办公室	¥3,600.00	¥622.20	￥300.00	￥14.93	￥3,577.80

图7-55

技巧延伸

VLOOKUP的第4个参数表示在查找时是要求精确匹配还是大致匹配。如果设置为FALSE表示精确匹配，而设置成TRUE则表示大致匹配。

（2）MATCH函数

MATCH函数可以返回指定内容在某一区域中第一次出现的位置。

语法格式：MATCH(查找值，查找区域，匹配类型)

应用示例：

根据参赛队伍入场顺序表查询指定代表队的入场编号。

选中D2单元格，输入公式“=MATCH("北京队",$A$2:$A$13,0)”，如图7-56所示。按【Enter】键即可返回北京队的入场顺序，如图7-57所示。

图 7-56 　　　　　　　　　　　　　图 7-57

MATCH函数的第3个参数是可选函数，可以设置成数字-1、0或1。其中，0表示精确匹配；1和-1都是近似匹配。1查找小于或等于数据区域中的最大值，前提是数据区域必须按升序排序；-1查找大于或等于数据区域中的最小值，前提是数据区域必须按降序排序。若忽略该参数，则默认按照参数，进行匹配。下面用具体示例进行说明。

将"积分"字段设置成升序排序，选中F2单元格，输入公式"=MATCH(E2,$A$2:$A$6,1)"，此时MATCH函数的第3个参数是"1"。按下【Enter】键，返回的查询结果如图7-58所示。

将"积分"字段按降序排序，选中F2单元格，输入公式"=MATCH(E2,$A$2:$A$6,-1)"，此时，MATCH函数的第3个参数是"-1"。按下【Enter】键，返回的查询结果如图7-59所示。

通过以上两个示例的对比即可发现在使用近似匹配时使用不同参数的差异。

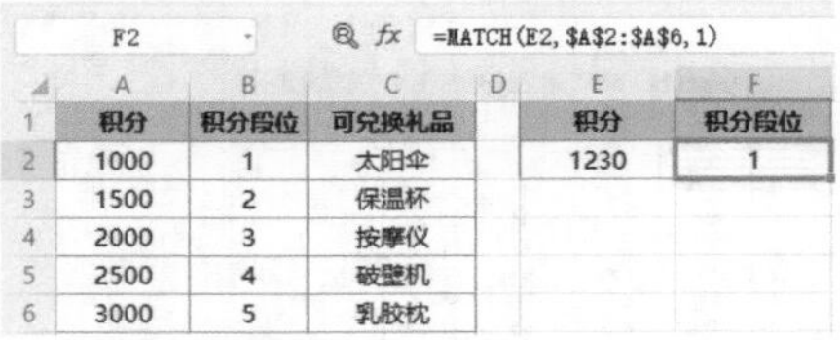

图 7-58 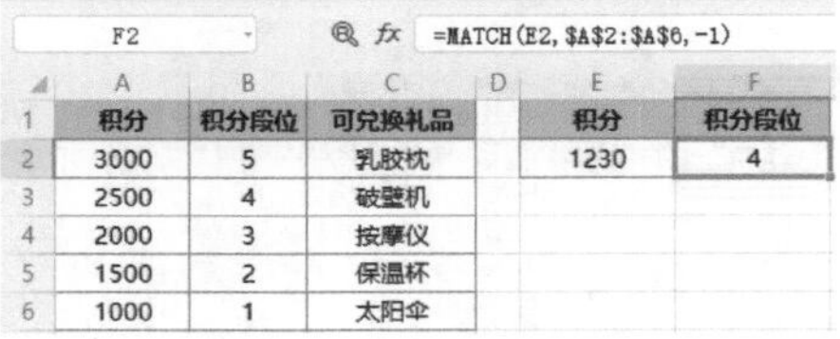　　　　　　　　　　　　　图 7-59

7.3.4　逻辑函数

在WPS中逻辑值或逻辑式的应用很广泛，逻辑值包含TRUE和FALSE两种，用来表示指定条件是否成立。条件成立时返回TRUE，条件不成立返回FALSE。下面将对常用的逻辑函数的参数设置以及使用方法进行介绍。

（1）IF函数

IF函数可以根据逻辑式判断指定条件，如果条件成立，就返回真条件下的指定内容，如果条件式不成立，则返回假条件下的指定内容。

语法格式：IF(测试条件，真值，假值)

应用示例：

根据员工绩效考核总成绩判断考核是否达标。总分超过400分（包含400分）为达标，总分低于400分为不达标。

选中C2单元格，输入公式"=IF(B2>=400,"达标","不达标")"，如图7-60所示。按【Enter】键返回判断结果，随后将C2单元格中的公式向下填充，判断所有员工的绩效总分是否达标，如图7-61所示。

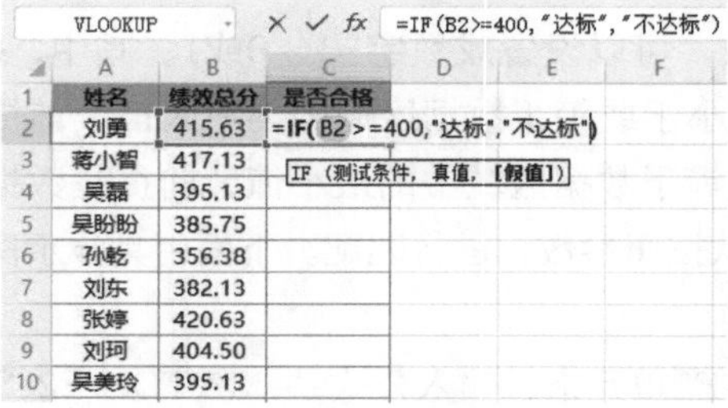

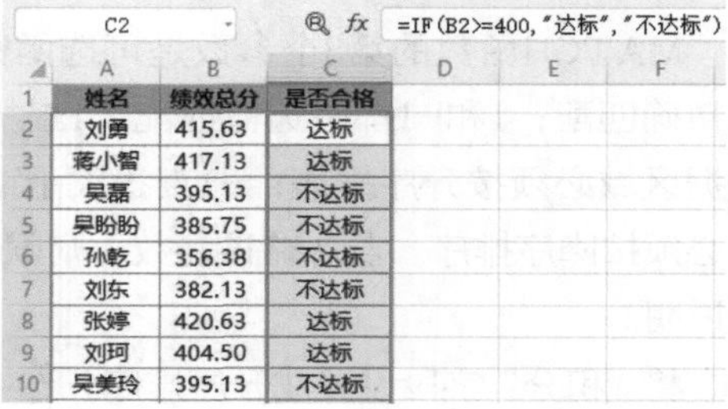

图 7-60　　　　　　　　图 7-61

IF函数经常和其他函数嵌套使用完成更复杂的判断。下面将使用IF函数与MATCH函数嵌套判断表格中是否存在重复项。

选中E2单元格，输入公式"=IF(MATCH(A2,$A$2:$A$19,0)=ROW(A1),"","重复")"，如图7-62所示。按【Enter】键返回判断结果，随后向下填充公式，重复的项目即被标注了出来，如图7-63所示。

图 7-62　　　　　　　　图 7-63

由于本案例中使用的公式比较长，为了方便理解，下面对这个公式进行拆解分析，如图7-64所示。

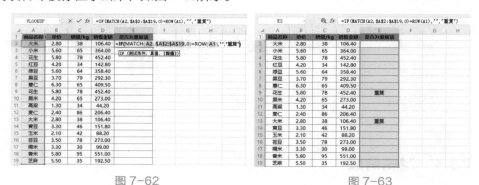

$$=IF(MATCH(A2, \$A\$2:\$A\$19,0)=ROW(A1),"","重复")$$

图 7-64

（2）AND函数

AND函数的作用是检查所有参数是否全部符合条件，如果全部符合条件就返回TRUE，只要有一个不符合条件就返回FALSE。

语法格式：AND(逻辑值1，…)

应用示例：

根据3个车间的生产量判断是否完成了生产指标，每个车间单日生产量大于或等于50为完成生产量，否则为未完成。

选中E2单元格，输入公式“=AND(B2>=50,C2>=50,D2>=50)”，如图7-65所示。按【Enter】键返回判断结果，然后向下方填充公式，此时公式返回的结果是逻辑值，如图7-66所示。

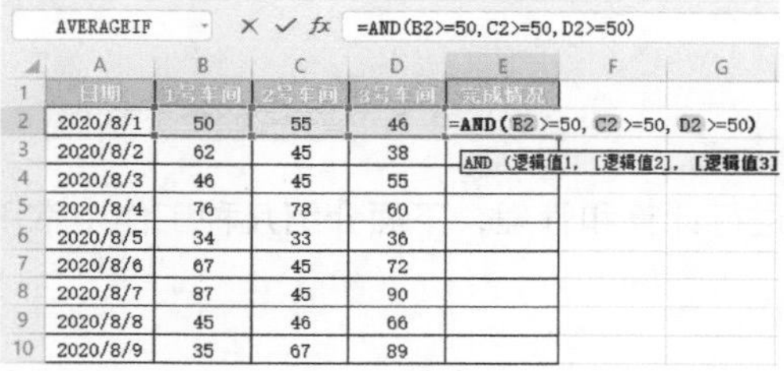

	A	B	C	D
1	日期	1号车间	2号车间	3号车间
2	2020/8/1	50	55	46
3	2020/8/2	62	45	38
4	2020/8/3	46	45	55
5	2020/8/4	76	78	60
6	2020/8/5	34	33	36
7	2020/8/6	67	45	72
8	2020/8/7	87	45	90
9	2020/8/8	45	46	66
10	2020/8/9	35	67	89

图 7-65

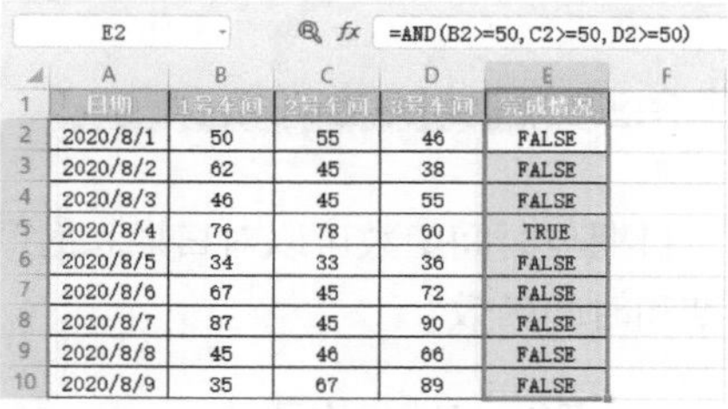

	A	B	C	D	E
1	日期	1号车间	2号车间	3号车间	完成情况
2	2020/8/1	50	55	46	FALSE
3	2020/8/2	62	45	38	FALSE
4	2020/8/3	46	45	55	FALSE
5	2020/8/4	76	78	60	TRUE
6	2020/8/5	34	33	36	FALSE
7	2020/8/6	67	45	72	FALSE
8	2020/8/7	87	45	90	FALSE
9	2020/8/8	45	46	66	FALSE
10	2020/8/9	35	67	89	FALSE

图 7-66

在AND函数外侧嵌套IF函数可将逻辑值转换成更直观的文本，该嵌套公式为“=IF(AND(B2>=50,C2>=50,D2>=50),"完成","未完成")”，修改完成后将该公式重新向下填充即可，如图7-67所示。

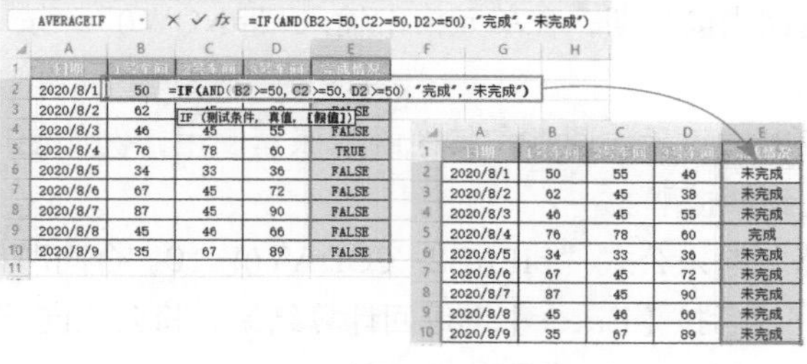

	A	B	C	D	E
1	日期	1号车间	2号车间	3号车间	完成情况
2	2020/8/1	50	55	46	未完成
3	2020/8/2	62	45	38	未完成
4	2020/8/3	46	45	55	未完成
5	2020/8/4	76	78	60	完成
6	2020/8/5	34	33	36	未完成
7	2020/8/6	67	45	72	未完成
8	2020/8/7	87	45	90	未完成
9	2020/8/8	45	46	66	未完成
10	2020/8/9	35	67	89	未完成

图 7-67

（3）OR函数

OR函数和AND函数的作用很相似，也可以对多个参数进行判断。但是OR函数只要有1个参数满足条件就返回TRUE，只有当所有条件全部不满足才返回FALSE。

语法格式：OR(逻辑值1，…)

应用示例：

根据3个车间的生产量判断是否完成了生产指标，只要有一个车间单日成产量达到50则为完成生产量，所有车间单日生产量全部低于50为未完成生产量。

选中E2单元格，输入公式“=OR(B2>=50,C2>=50,D2>=50)”，如图7-68所示。按【Enter】键返回计算结果，将公式向下方填充计算出每日的生产量完成情况，如图7-69所示。OR函数也可嵌套IF函数将结果转换成文本，具体操作方法与AND函数相同。

VLOOKUP　fx　=OR(B2>=50,C2>=50,D2>=50)

	A	B	C	D	E	F
1	日期	1号车间	2号车间	3号车间	完成情况	
2	2020/8/1	50	55	=OR(B2>=50, C2>=50, D2>=50)		
3	2020/8/2	62	45	38		
4	2020/8/3	46	45	55		
5	2020/8/4	76	78	60		
6	2020/8/5	34	33	36		
7	2020/8/6	67	45	72		
8	2020/8/7	87	45	90		
9	2020/8/8	45	46	66		
10	2020/8/9	35	67	89		

图 7-68

E2　fx　=OR(B2>=50,C2>=50,D2>=50)

	A	B	C	D	E	F
1	日期	1号车间	2号车间	3号车间	完成情况	
2	2020/8/1	50	55	46	TRUE	
3	2020/8/2	62	45	38	TRUE	
4	2020/8/3	46	45	55	TRUE	
5	2020/8/4	76	78	60	TRUE	
6	2020/8/5	34	33	36	FALSE	
7	2020/8/6	67	45	72	TRUE	
8	2020/8/7	87	45	90	TRUE	
9	2020/8/8	45	46	66	TRUE	
10	2020/8/9	35	67	89	TRUE	

图 7-69

7.3.5 日期和时间函数

日期与时间函数可以对日期和时间进行计算和管理，下面介绍几种工作中常用的日期和时间函数。

（1）TODAY/NOW函数

TODAY函数的作用是返回当前日期。

NOW函数的作用是返回当前日期和时间。

这两个函数比较特殊，它们都没有参数。在单元格中输入“=TODAY()”，按【Enter】键即可返回当前日期；在单元格中输入“=NOW()”，按【Enter】键可返回当前日期及时间。

TODAY函数和NOW函数通常和其他函数嵌套使用，例如使用TODAY函数与IF函数嵌套设置合同到期提醒。

选中C2单元格，输入公式“=IF((B2-TODAY())<10,"合同即将到期","")”，如图7-70所示。输入完成后按【Enter】键返回计算结果，将公式向下方填充，在10天内到期的合同即可显示文字提醒，如图7-71所示。

	A	B	C	D	E
1	合同编号	到期日期	到期提醒		
2	2004001	=IF((B2-TODAY())<10,"合同即将到期","")			
3	2004002	2020/8/26			
4	2004003	2020/8/5			
5	2005001	2020/10/3			
6	2005002	2020/9/3			
7	2005003	2020/11/5			
8	2005004	2020/12/6			
9	2005005	2020/9/6			
10	2005006	2020/8/6			
11	2005007	2020/9/9			

图 7-70

	A	B	C
1	合同编号	到期日期	到期提醒
2	2004001	2020/8/2	合同即将到期
3	2004002	2020/8/26	
4	2004003	2020/8/5	合同即将到期
5	2005001	2020/10/3	
6	2005002	2020/9/3	
7	2005003	2020/11/5	
8	2005004	2020/12/6	
9	2005005	2020/9/6	
10	2005006	2020/8/6	合同即将到期
11	2005007	2020/9/9	

图 7-71

（2）YEAR函数

YEAR函数可以从不同的日期格式和日期代码中提取年份。该函数只有一个参数。

语法格式：YEAR(日期序号)

应用示例：

根据出生日期计算当前年龄。

选中C2单元格，输入公式"=DATEDIF(B2,TODAY(),"Y")"，如图7-72所示。按【Enter】键计算出第一个出生日期的当前年龄，将公式向下方填充，计算出所有出生日期的当前年龄，如图7-73所示。

| AVERAGEIF | × ✓ fx | =DATEDIF(B2,TODAY(),"Y") |

	A	B	C	D	E	F
1	姓名	出生日期	年龄			
2	刘勇	1995/12/30	=DATEDIF(B2,TODAY(),"Y")			
3	蒋小智	1990/5/3				
4	吴磊	1987/11/28				
5	吴盼盼	1998/7/7				
6	孙乾	1992/3/10				
7	刘东	1980/5/20				
8	张婷	1978/6/16				
9	刘珂	1983/3/14				
10	吴美玲	2000/9/20				
11	阮瑀	1993/8/10				
12	赵富强	2002/10/5				

图 7-72

| C2 | ⊕ fx | =DATEDIF(B2,TODAY(),"Y") |

	A	B	C	D	E	F
1	姓名	出生日期	年龄			
2	刘勇	1995/12/30	24			
3	蒋小智	1990/5/3	30			
4	吴磊	1987/11/28	32			
5	吴盼盼	1998/7/7	22			
6	孙乾	1992/3/10	28			
7	刘东	1980/5/20	40			
8	张婷	1978/6/16	42			
9	刘珂	1983/3/14	37			
10	吴美玲	2000/9/20	19			
11	阮瑀	1993/8/10	26			
12	赵富强	2002/10/5	17			

图 7-73

办公小课堂

DATEDIF函数的作用是计算两个日期之间的天数、月数或年数。该函数有三个参数，语法格式：DATEDIF(开始日期，终止日期，比较单位)。

跟我学

制作员工工资表

制作员工工资表是为了给每月的薪资计算提供衡量依据，为及时发放工资提供一定的保障。下面利用本章所学知识制作一份员工工资表。

（1）录入基础数据

步骤01 在工作表中输入员工工资表的基础数据，包括员工姓名、部门、职务、入职时间、基本工资等，如图7-74所示。

图 7-74

步骤 02 为表格添加边框，设置好表头样式，将表格中的金额数据设置成"货币"格式，如图 7-75 所示。

图 7-75

（2）使用公式进行薪资统计

步骤 01 选中F2单元格，输入公式"=DATEDIF(D2,TODAY(),"Y")"，如图 7-76所示。

步骤 02 公式输入完成后按【Enter】键返回计算结果，随后将F2单元格中的公式向下填充，计算出所有员工的工龄工资，如图7-77所示。

图 7-76

图 7-77

步骤 03 选中 G2 单元格，输入公式 "=IF(F2<4,F2*50,F2*100)"，随后按【Enter】键返回计算结果，如图 7-78 所示。

步骤 04 将 G2 单元格中的公式向下方填充，计算出所有员工的工龄工资，如图 7-79 所示。

图 7-78

图 7-79

技巧延伸

公式 "=IF(F2<4,F2*50,F2*100)" 表示，判断F2单元格中的工龄是否小于4年。如果是，那么工龄工资就等于工龄乘以50；如果不是，则工龄工资等于工龄乘以100。

步骤 05 选中I2单元格，输入公式 "=VLOOKUP(C2,职务津贴表!$A$1:$B$8,2,FALSE)"，公式输入完成后按【Enter】键返回计算结果，如图7-80所示。

步骤 06 将I2单元格中的公式向下方填充，计算出所有员工的岗位津贴，如图7-81所示。

图 7-80

图 7-81

步骤 07 选中J2单元格，输入公式 "=E2+G2+H2+I2"，输入完成后按【Enter】键返回计算结果，如图 7-82 所示。

步骤 08 将 J2 单元格中的公式向下方填充，计算出所有应付工资，如图 7-83 所示。

基本工资	工龄	工龄工资	绩效奖金	岗位津贴	应付工资	社保扣款
¥5,000.00	5	¥500.00	¥450.00	¥650.00	=E2+G2+H2+I2	
¥3,500.00	8	¥800.00	¥380.00	¥700.00		¥440.00
¥5,000.00	10	¥1,000.00	¥400.00	¥650.00		¥440.00
¥3,500.00	8	¥800.00	¥400.00	¥700.00		¥440.00
¥6,000.00	11	¥1,100.00	¥680.00	¥900.00		¥380.00
¥8,500.00	11	¥1,100.00	¥500.00	¥900.00		¥440.00
¥5,000.00	2	¥100.00	¥200.00	¥1,000.00		¥0.00
¥2,900.00	2	¥100.00	¥200.00	¥500.00		¥0.00
¥8,000.00	7	¥700.00	¥580.00	¥900.00		¥440.00
¥4,500.00	9	¥900.00	¥400.00	¥800.00		¥440.00
¥3,500.00	2	¥100.00	¥380.00	¥700.00		¥440.00
¥4,500.00	9	¥900.00	¥400.00	¥1,000.00		¥380.00
¥2,500.00	7	¥700.00	¥420.00	¥400.00		¥440.00
¥7,000.00	11	¥1,100.00	¥600.00	¥900.00		¥380.00
¥4,500.00	9	¥900.00	¥480.00	¥650.00		¥440.00

图 7-82

绩效奖金	岗位津贴	应付工资	社保扣款	应扣所得税
¥450.00	¥650.00	¥6,600.00	¥380.00	¥25.20
¥380.00	¥700.00	¥5,380.00	¥440.00	¥27.20
¥400.00	¥650.00	¥7,050.00	¥440.00	¥27.20
¥400.00	¥700.00	¥5,400.00	¥440.00	¥27.20
¥680.00	¥900.00	¥8,680.00	¥380.00	¥25.20
¥500.00	¥900.00	¥11,000.00	¥440.00	¥27.20
¥200.00	¥1,000.00	¥6,300.00	¥0.00	¥0.00
¥200.00	¥500.00	¥3,700.00	¥0.00	¥0.00
¥580.00	¥900.00	¥10,180.00	¥440.00	¥27.20
¥400.00	¥800.00	¥6,600.00	¥440.00	¥27.20
¥380.00	¥700.00	¥4,680.00	¥440.00	¥27.20

图 7-83

步骤 09 选中 M2 单元格，输入公式"=J2-K2-L2"，输入完成后按【Enter】键返回计算结果，如图 7-84 所示。

步骤 10 将 M2 单元格中的公式向下方填充，计算出所有员工的实发工资，如图 7-85 所示。

应付工资	社保扣款	应扣所得税	实发工资
¥6,600.00	¥380.00	¥25.20	=J2-K2-L2
¥5,380.00	¥440.00	¥27.20	
¥7,050.00	¥440.00	¥27.20	
¥5,400.00	¥440.00	¥27.20	
¥8,680.00	¥380.00	¥25.20	
¥11,000.00	¥440.00	¥27.20	
¥6,300.00	¥0.00	¥0.00	
¥3,700.00	¥0.00	¥0.00	
¥10,180.00	¥440.00	¥27.20	

图 7-84

应付工资	社保扣款	应扣所得税	实发工资
¥6,600.00	¥380.00	¥25.20	¥6,194.80
¥5,380.00	¥440.00	¥27.20	¥4,912.80
¥7,050.00	¥440.00	¥27.20	¥6,582.80
¥5,400.00	¥440.00	¥27.20	¥4,932.80
¥8,680.00	¥380.00	¥25.20	¥8,274.80
¥11,000.00	¥440.00	¥27.20	¥10,532.80
¥6,300.00	¥0.00	¥0.00	¥6,300.00
¥3,700.00	¥0.00	¥0.00	¥3,700.00
¥10,180.00	¥440.00	¥27.20	¥9,712.80

图 7-85

至此，完成员工工资表中的工资核算，最终效果如图 7-86 所示。

	姓名	部门	职务	入职时间	基本工资	工龄	工龄工资	绩效奖金	岗位津贴	应付工资	社保扣款	应扣所得税	实发工资
2	刘勇	业务部	技术员	2014/9/4	¥5,000	5	¥500.00	¥450.00	¥650.00	¥6,600.00	¥380.00	¥25.20	¥6,194.80
3	蒋小智	生产部	专员	2011/9/1	¥3,500	8	¥800.00	¥380.00	¥700.00	¥5,380.00	¥440.00	¥27.20	¥4,912.80
4	吴磊	行政部	技术员	2010/3/20	¥5,000	10	¥1,000.00	¥400.00	¥650.00	¥7,050.00	¥440.00	¥27.20	¥6,582.80
5	吴粉粉	生产部	专员	2011/10/8	¥3,500	8	¥800.00	¥400.00	¥700.00	¥5,400.00	¥440.00	¥27.20	¥4,932.80
6	孙乾	业务部	经理	2008/8/16	¥6,000	11	¥1,100.00	¥680.00	¥900.00	¥8,680.00	¥380.00	¥25.20	¥8,274.80
7	刘东	行政部	经理	2009/4/8	¥8,500	11	¥1,100.00	¥500.00	¥900.00	¥11,000.00	¥440.00	¥27.20	¥10,532.80
8	张婷	财务部	会计	2018/5/4	¥5,000	2	¥100.00	¥200.00	¥1,000.00	¥6,300.00	¥0.00	¥0.00	¥6,300.00
9	刘珂	财务部	出纳	2018/6/9	¥2,900	2	¥100.00	¥200.00	¥500.00	¥3,700.00	¥0.00	¥0.00	¥3,700.00
10	吴美玲	设计部	经理	2012/9/5	¥8,000	7	¥700.00	¥580.00	¥900.00	¥10,180.00	¥440.00	¥27.20	¥9,712.80
11	阮晴	设计部	设计师	2010/8/4	¥4,500	9	¥900.00	¥400.00	¥800.00	¥6,600.00	¥440.00	¥27.20	¥6,132.80
12	赵富强	业务部	专员	2018/6/9	¥3,500	2	¥100.00	¥380.00	¥700.00	¥4,680.00	¥440.00	¥27.20	¥4,212.80
13	张宇	会计	会计	2011/4/9	¥4,500	9	¥900.00	¥400.00	¥1,000.00	¥6,850.00	¥380.00	¥25.20	¥6,444.80
14	江丽	行政部	实习	2012/9/2	¥2,500	7	¥700.00	¥420.00	¥400.00	¥4,020.00	¥440.00	¥27.20	¥3,552.80
15	郑青	生产部	经理	2009/5/10	¥7,000	11	¥1,100.00	¥600.00	¥900.00	¥9,600.00	¥380.00	¥25.20	¥9,194.80
16	王蕾	生产部	技术员	2011/7/9	¥4,500	9	¥900.00	¥480.00	¥650.00	¥6,530.00	¥440.00	¥27.20	¥6,062.80

工资核算表　职务津贴表　工资条　+

图 7-86

（3）制作工资条

步骤 01 打开"工资条"工作表，将"工资核算表"中的表头复制到该工作表中，随后选中A2单元格，输入公式"=OFFSET(工资核算表!$A$1,ROW()/3+1,COLUMN()-1)"，随后按【Enter】键返回计算结果，如图7-87所示。

图 7-87

步骤 02 将A2单元格中的公式向右侧填充，得到第一位员工的工资条，此时的入职时间为一串数字代码，用户可选中D2单元格，将该单元格的格式设置成"短日期"格式，如图7-88所示。

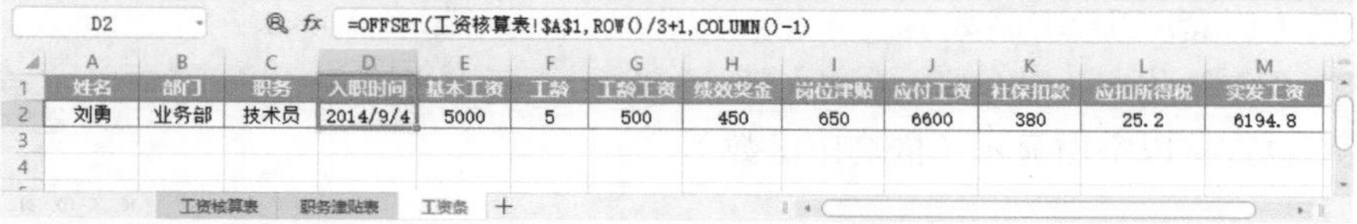

图 7-88

步骤 03 选中 A1:M3 单元格区域，向下拖动填充柄，如图 7-89 所示。

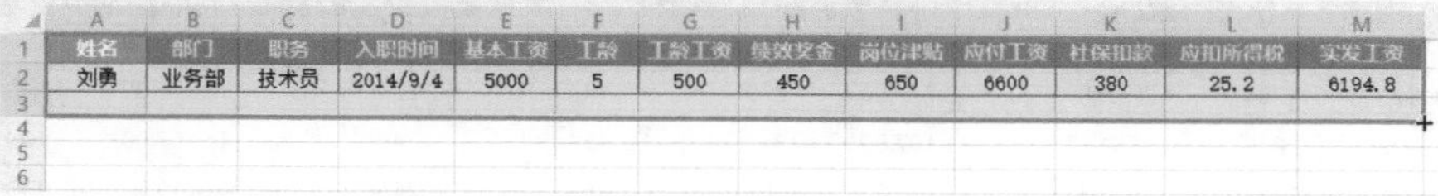

图 7-89

步骤 04 填充完成后表格即可获得所有员工的工资条，如图 7-90 所示。

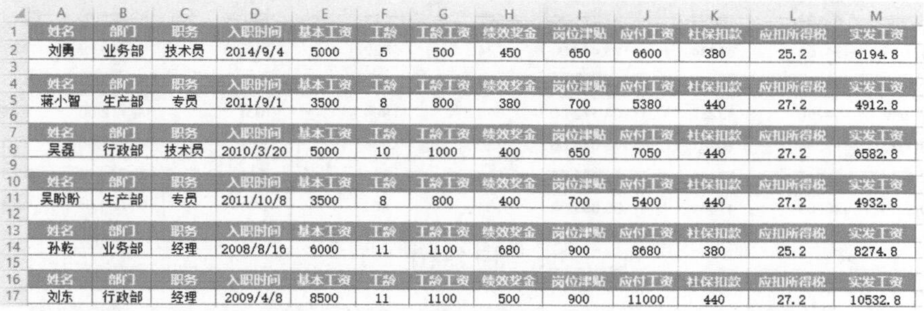

图 7-90

制作淘宝店铺销售报表

本章主要介绍了公式与函数的基础知识以及一些常用函数的使用方法。接下来希望读者在淘宝店铺销售报表中完成指定计算，如图7-91所示。

操作提示

❶ 使用SUM函数计算累计付款件数。

❷ 使用SUM函数计算累计成交金额。

❸ 使用AVERAGE函数计算平均浏览量，当计算结果产生小数时，四舍五入掉所有小数（嵌套ROUND函数）。

❹ 计算全年转化率（转化率=成交人数/访客数），要求当访客数出现空白时，全年转换率也直接以空白显示（嵌套IF函数）。

淘宝店铺销售报表		累计付款件数	8689	累计成交金额	1,206,555.00	平均浏览量		44082
日期	浏览量	访客数	拍下金额	拍下笔数	成交人数	付款件数	成交金额	全店转化率
2020/9/1	34769	29897	23,170.00	195	177	166	23,170.00	0.59%
2020/9/2	44384	17384	38,717.00	275	141	223	38,717.00	0.81%
2020/9/3	18838	6818	41,107.00	317	154	246	41,107.00	2.26%
2020/9/4	21107	20481	47,715.00	352	169	253	47,715.00	0.83%
2020/9/5	25918	20811	76,890.00	460	463	470	76,890.00	2.22%
2020/9/6	36827	32189	79,958.00	528	560	624	79,958.00	1.74%
2020/9/7	57473	41841	95,053.00	583	601	609	95,053.00	1.44%
2020/9/8	37511	24811	86,738.00	558	529	601	86,738.00	2.13%
2020/9/9	41504	18891	93,225.00	647	613	601	93,225.00	3.24%
2020/9/10	34769	32184	115,440.00	724	729	705	115,440.00	2.27%
2020/9/11	50590	52684	114,315.00	728	859	943	114,315.00	1.63%
2020/9/12	54256	43237	104,172.00	696	964	1037	104,172.00	2.23%
2020/9/13	15094	10481	115,044.00	728	896	978	115,044.00	8.55%
2020/9/14	26827	12189	79,958.00	528	560	624	79,958.00	4.59%
2020/9/15	20769	41841	95,053.00	583	601	609	95,053.00	1.44%

图 7-91

第8章

数据的直观化展示

如果需要让表格中的数据更形象地展现，并突出重点数据，让你的报告显得更专业，可以借助WPS的图表以及数据透视表功能来实现。

8.1
用图表直观展示数据

和数字相比，图形能够更直观地展示数据的趋势和关系。WPS表格中的图表功能可以将数据转换成各种有利于数据展示的形状，例如柱形、条形、折线、饼形等。

8.1.1　创建图表

扫一扫 看视频

WPS表格包含了十几种类型的图表，比较常见的图表类型有柱形图、折线图、饼图、条形图、点散图、雷达图等，下面将介绍如何在表格中创建需要的图表类型。

选中数据区域中的任意一个单元格，打开"插入"选项卡，单击"全部图表"按钮，如图8-1所示。弹出"插入图表"对话框，选择需要的图表分类，此处选择"折线图"，在打开的界面中选中需要的图表类型，单击"插入"按钮，即可向工作表中插入相应类型的图表，如图8-2所示。

图 8-1

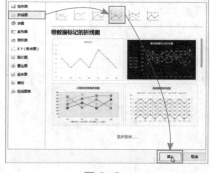

图 8-2

办公小课堂

除了在"插入图表"对话框中插入图表外，也可直接从选项卡中插入所需类型的图表。

"插入"选项卡中包含"插入柱形图""插入条形图""插入折线图""插入雷达图""插入面积图"等10种插入图表按钮，单击任一按钮可从下拉列表中选择该类型的指定图表类型，如图8-3所示。

图 8-3

8.1.2 调整图表大小和位置

插入图表后可根据需要适当调整图表的大小及位置。接下来将介绍具体操作方法。

（1）调整图表大小

选中图表后图表周围会出现6个圆形的控制点，将光标放在任意控制点上方，光标会变成双向箭头的形状，按住鼠标左键，拖动鼠标即可调整图表大小，如图8-4所示。

（2）移动图表

将光标放在图表上方的空白处，当光标变成"⬚"形状时按住鼠标左键，拖动鼠标，将图表拖动到需要的位置时松开鼠标即可，如图8-5所示。

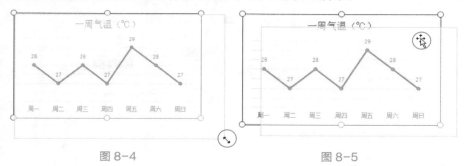

图 8-4   图 8-5

8.1.3 更改图表类型

扫一扫 看视频

插入图表后若对图表的样式不满意，不必删除图表重新创建，可更改图表类型，其操作方法非常简单。

选中图表，打开"图表工具"选项卡，单击"更改类型"按钮，如图8-6所示。弹出"更改图表类型"对话框，重新选择需要的图表类型，单击"插入"按钮即可，如图8-7所示。

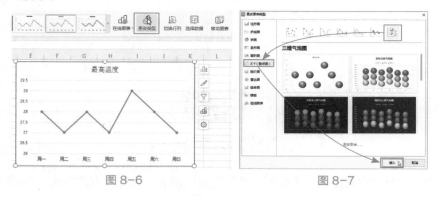

图 8-6   图 8-7

8.1.4 添加或删除图表元素

扫一扫 看视频

默认创建的图表一般包含标题、图例、坐标轴、数据标签等元素，但是不同类型的图表所显示的图表元素并不相同。为了更好地用图表展示数据，可增加或删除图表中的元素。

（1）添加图表元素

选中图表后，图表右上角会出现5个按钮，单击最上方的"图表元素"按钮，在展开的列表中勾选指定复选框可向图表中添加相应元素，如图8-8所示。单击该元素选项右侧的小三角按钮，在其下级列表中还可选择该元素的显示位置，如图8-9所示。

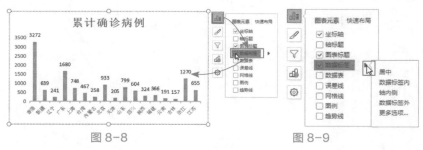

图 8-8　　　　　　　　　　　　　图 8-9

（2）删除图表元素

删除图表元素的方法和添加图表元素相反，在"图表元素"列表中取消指定复选框的勾选可从图表中删除相应元素，如图8-10所示。

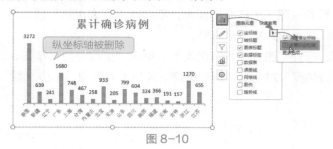

图 8-10

8.2
设置图表格式

为了更好地利用图表展示数据，还需要设置图表中各种元素的格式。下面将介绍几种常见的图表元素的设置方法。

8.2.1 设置图表标题格式

图表标题用来指明图表的作用，用户可根据需要修改标题名称以及设置标题格式。

选中图表标题，将光标定位在标题文本框中，即可输入新的标题名称，如图8-11所示。单击图表标题文本框，保持标题为选中状态，在"开始"选项卡中可设置标题的字体、字号、字颜色等，如图8-12所示。

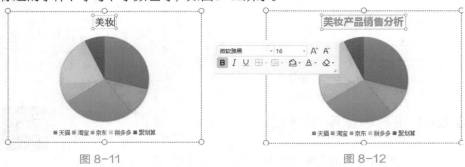

图 8-11 图 8-12

8.2.2 设置坐标轴格式

右击图表纵坐标轴，在弹出的菜单中选择"设置坐标轴格式"选项，如图8-13所示。打开"属性"对话框，在"坐标轴"界面中修改边界的"最大值"为"1500"，修改"主要"单位为"500"，如图8-14所示。图表中的纵坐标轴随即发生更改，如图8-15所示。

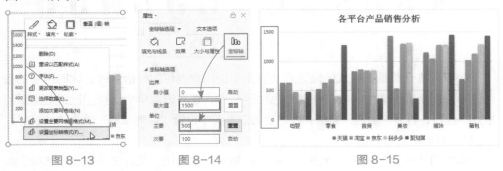

图 8-13 图 8-14 图 8-15

8.2.3 设置数据标签格式

在任意数据标签上方右击，在弹出的菜单中选择"设置数据标签格式"选项，如图8-16所示。工作表右侧随即打开"属性"窗格，在"标签"界面中勾选"系列名称"

复选框，设置"分隔符"样式为"分行符"，如图8-17所示。

数据标签中随即显示类别名称并且是和数据标签分行显示，随后单击横坐标轴，按【Delete】键将其删除，最终效果如图8-18所示。

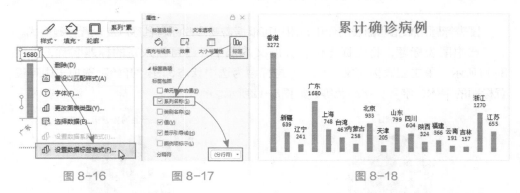

图 8-16　　　　图 8-17　　　　　　　　图 8-18

8.2.4 设置数据系列格式

扫一扫 看视频

数据系列是图表中最重要的部分，可以显示数据的大小对比，不同的数据系列可以形成鲜明的对比。数据系列的颜色、间距、效果等都可以通过设置进行修改，图8-19、图8-20所示的是簇状柱形图的柱形系列设置前后对比效果。

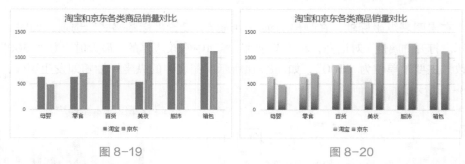

图 8-19　　　　　　　　　　　　图 8-20

接下来将介绍系列格式的设置方法。先单击任意橙色的柱形系列，此时所有的橙色柱形系列全部被选中，右击任意橙色柱形系列，在右键菜单中选择"设置数据系列格式"选项，打开"属性"窗格，在"系列"界面中设置"系列重叠"值为"-70%"，如图8-21所示。

切换到"效果"界面，单击"阴影"右侧的下拉按钮，从展开的列表中选择"右下斜偏移"选项，为所选系列添加阴影，如图8-22所示。

继续切换到"填充与线条"界面，单击"填充"右侧下拉按钮，从展开的列表中选择合适的渐变颜色，修改系列的填充色，如图8-23所示。

原图表中的橙色系列设置完成后再选中蓝色的系列，参照上述步骤设置蓝色系列的效果和填充色即可。

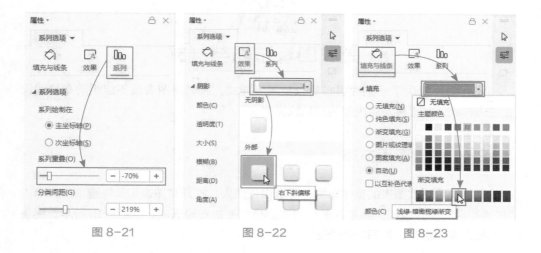

图 8-21   图 8-22   图 8-23

8.2.5 设置图表区格式

图表中除了图表元素以外的空白区域称为"图表区"。图表区也相当于图表的背景区域，下面介绍如何设置图表区的填充效果。

在图表中的图表区位置双击鼠标，打开"属性"窗格，如图8-24所示。

在"属性"窗格中打开"填充与线条"界面，在"填充"组内选中"图片或纹理填充"单选按钮，单击"请选择图片"选项，从下拉列表中选择"本地文件"选项，随后会弹出"选择纹理"对话框，选择好需要的图片，单击"打开"按钮，将该图片设置成图表的背景。最后调整图片的透明度为"50%"如图8-25所示。图表区填充的最终效果如图8-26所示。

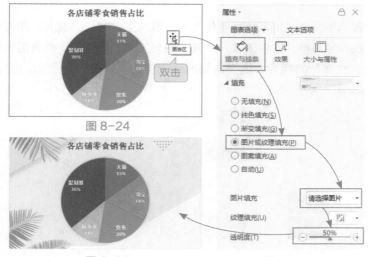

图 8-24

图 8-26   图 8-25

8.3 更改图表布局与样式

WPS表格提供了一些图表布局以及图表样式，若创建图表后不想手动布局或设置图表样式，可直接使用内置的布局或样式。

8.3.1 更改图表布局

要想快速更改图表的整体布局，可选中该图表，打开"图表工具"选项卡，单击"快速布局"下拉按钮，从展开的列表中选择需要的布局选项，如图8-27所示。图表布局随即发生更改，如图8-28所示。

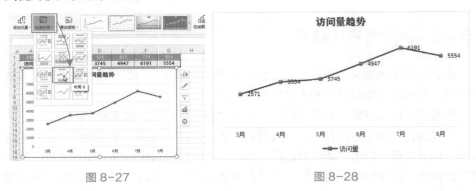

图 8-27   图 8-28

8.3.2 设置图表样式

使用内置的图表样式可以快速美化图表，节约工作时长，提高工作效率。套用图表样式的方法非常简单，选中图表，打开"图表工具"选项卡，单击图表样式组右侧的下拉按钮，在展开的列表中选择需要的图表样式，如图8-29所示。图表即可应用所选样式，如图8-30所示。

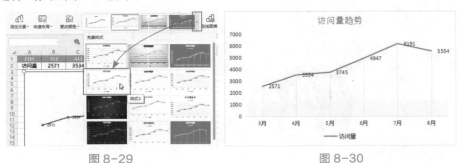

图 8-29   图 8-30

8.4
用数据透视表动态分析数据

数据透视表可以动态地改变自身的版面布置，从而按照不同方式汇总、分析、浏览和呈现数据。另外，用户还可以根据数据透视表创建数据透视图，更直观地呈现数据。

8.4.1　创建数据透视表

创建数据透视表非常简单，下面将介绍具体操作方法。选中数据源中的任意一个单元格，打开"插入"选项卡，单击"数据透视表"按钮，如图8-31所示。

弹出"创建数据透视表"对话框，保持对话框中的所有选项为默认状态，单击"确定"按钮，如图8-32所示。

扫一扫　看视频

图 8-31　　　　　图 8-32

工作表中随即自动新建一个工作表，并在该工作表中创建数据透视表，此时该数据透视表中没有任何字段，在工作表右侧会打开"数据透视表"窗格，在该窗格中的"字段列表"中可向数据透视表中添加指定字段，如图8-33所示。

图 8-33

办公小课堂

创建数据透视表时很多用户会忽视数据源的规范整理，数据透视表虽然功能强大，但是如果没有规范的数据源将会为数据透视表的创建和使用带来很大的麻烦，甚至无法创建数据透视表。下面总结几点数据源整理的禁忌。

① 数据表不可包含多层表头或在数据记录中多次使用标题。

② 数据记录中不可有空行或空列。

③ 数据表中不能有合并单元格。

④ 数据记录不能与合计数据混杂在一起。

⑤ 数据记录中不能包含重复项。

8.4.2 设置数据透视表字段

扫一扫 看视频

数据透视表主要是通过添加不同的字段，不断组成新的报表布局，从而实现多方位的数据分析和计算。灵活掌控数据透视表字段的添加和各种设置方法，是学好数据透视表的第一步。

（1）添加或删除字段

默认情况下，选中数据透视表中的任意一个单元格，工作表右侧便会显示出"数据透视表"窗格，在"字段列表"中勾选字段选项右侧的复选框，即可将该字段添加到数据透视表中，如图8-34所示。继续勾选其他选项复选框，可继续向数据透视表中添加字段，如图8-35所示。

在"字段列表"中取消指定复选框的勾选可将该字段从数据透视表中删除。

图 8-34   图 8-35

（2）移动字段

用户若觉得字段在数据透视表中默认的显示位置不合适，可移动字段的位置。字段的位置可在不同区域间移动，也可在当前区域间移动。

单击"数据透视表"窗格中的"数据透视表区域"按钮，展开"数据透视表区域"面板，如图8-36所示。

选中需要移动到其他区域中的字段，按住鼠标左键，将该字段项目标区域拖动，当目标位置出现一条绿色的粗实线时松开鼠标即可，如图8-37所示。

单击指定字段，在展开的列表中选择"上移""下移""移动到首端"或"移至尾端"选项，可在当前区域中实现相应移动，如图8-38所示。

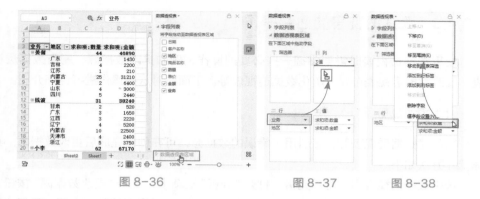

图 8-36   图 8-37   图 8-38

（3）修改字段名称

选中指定字段名称所在单元格，打开"分析"选项卡，单击"活动字段"文本框，文本框中的内容会被自动选中，如图8-39所示。输入新的字段名称，输入完成后按【Enter】键，字段名称即可被修改，如图8-40所示。

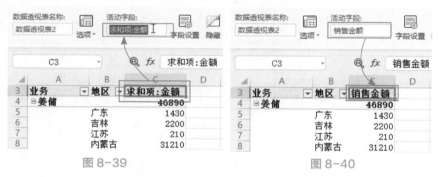

图 8-39   图 8-40

（4）修改值显示方式

右击求和字段中的任意一个单元格，在弹出的菜单中选择"值显示方式"选项，在其下级菜单中选择"总计的百分比"选项，如图8-41所示。求和字段中的数据随即被转换成总计的百分比形式显示，如图8-42所示。

图 8-41   图 8-42

8.4.3 数据透视表的必要操作

使用数据透视表时需要掌握一些必要的操作，例如更改数据源、刷新数据透视表、修改数据透视表布局、美化数据透视表等。下面将对这些操作进行详细介绍。

（1）更改数据源

在创建数据透视表时，若引用了错误的数据源，可在创建完成后更改数据源。具体操作方法如下。

选中数据透视表中任意单元格，打开"分析"选项卡，单击"更改数据源"按钮，弹出"更改数据透视表数据源"对话框，在"请选择单元格区域"文本框中重新选择数据源区域，最后单击"确定"按钮即可，如图8-43所示。

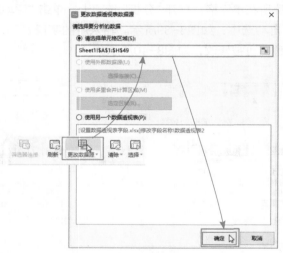

图 8-43

（2）刷新数据透视表

当数据源中插入了新的数据记录后，需要刷新数据透视表，让新增的数据同步更新到数据透视表中，刷新数据透视表的方法非常简单。选中数据透视表，打开"分析"选项卡，单击"刷新"下拉按钮，在展开的列表中包含"刷新数据"和"全部刷新"两个选项，如图8-44所示。单击"刷新数据"选项可刷新当前数据透视表，单击"全部刷新"选项可刷新工作簿中的所有数据透视表。

图 8-44

（3）修改数据透视表布局

默认创建的数据透视表是以大纲形式布局的，用户可根据需要修改数据透视表的布局。

选中数据透视表中的任意一个单元格，打开"设计"选项卡，单击"报表布局"下拉按钮，在展开的列表中选择需要的报表布局即可，如图8-45所示。

图 8-45

（4）美化数据透视表

为数据透视表套用内置的表格样式，可以快速美化数据透视表外观。下面介绍具体操作方法。

选中数据透视表中的任意单元格，打开"设计"选项卡，单击"其他"按钮，展开数据透视表外观和样式列表，从中选择需要的数据透视表样式，如图8-46所示。数据透视表随即应用所选样式，如图8-47所示。

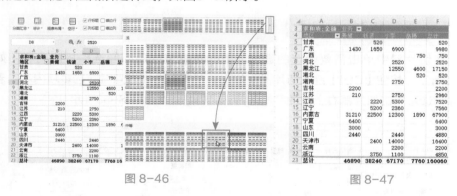

图 8-46　　　　　　　　　　　　图 8-47

（5）删除数据透视表

若完成了数据分析，不再需要使用数据透视表，也可选择将数据透视表删除。选中数据透视表中任意单元格，打开"分析"选

图 8-48

项卡，单击"删除数据透视表"按钮，即可删除当前数据透视表，如图8-48所示。

8.4.4 在数据透视表中执行筛选

扫一扫 看视频

在数据透视表中执行筛选和在普通数据表中执行筛选稍有不同，数据透视表有一个好用的数据筛选工具——"切片器"。下面将具体介绍如何使用"切片器"对数据透视表执行筛选。

（1）插入切片器

选中数据透视表中的任意单元格，打开"分析"选项卡，单击"插入切片器"按钮，如图8-49所示。

弹出"插入切片器"对话框，勾选需要插入切片器的字段（可同时勾选多个字段），单击"确定"按钮，如图8-50所示。工作表中随即插入相应字段的切片器，如图8-51所示。

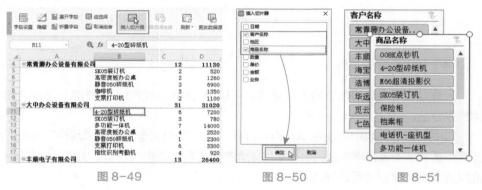

图 8-49　　　　　图 8-50　　　　　图 8-51

（2）使用切片器执行筛选

在切片器中单击需要筛选的选项，数据透视表中随即筛选出相应内容，如图8-52所示。按住【Ctrl】键在切片器中依次单击其他选项可同时筛选多项内容。若要清除筛选可单击切片器右上角的"清除筛选器"按钮，如图8-53所示。

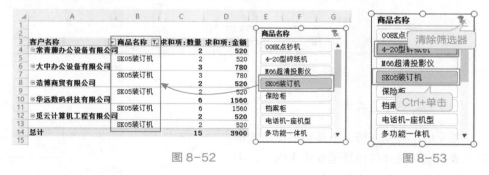

图 8-52　　　　　　　　　　图 8-53

制作防疫物资库存分析图表

制作防疫物资库存分析图表，有利于直观展示库存情况，并对初期库存与实时库存形成对比，方便掌握真实的库存数据。

（1）创建防疫物资库存管理图表

首先根据防疫物资库存管理表创建图表，这里需要使用柱形图展示库存情况。

步骤01 选中防疫物资库存表中的任意一个单元格，打开"插入"选项卡，单击"插入柱形图"下拉按钮，在展开的列表中选择"簇状柱形图"选项，如图8-54所示。

步骤02 工作表中随即被创建出一张簇状柱形图，修改图表名称为"防疫物资库存分析"，如图8-55所示。

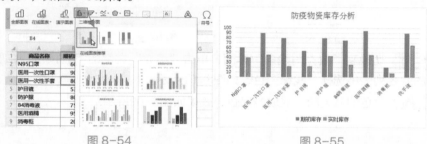

图 8-54　　　　　　　　　　　图 8-55

步骤03 选中图表，单击图表右上角"图表元素"按钮，在展开的列表中取消"网格线"复选框的勾选，随后单击"坐标轴"选项右侧的小三角，在其下级列表中取消"主要纵坐标轴"复选框的勾选，如图8-56所示。

步骤04 图表中的网格线及纵坐标轴即可被删除，如图8-57所示。

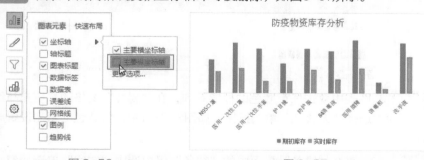

图 8-56　　　　　　　　　　　图 8-57

（2）设置图表系列效果

图表创建好后可以为图表系列设置一些特殊效果，让图表看起来更专业。

步骤 01 右击任意橙色数据系列，在弹出的菜单中选择"设置数据系列格式"选项，如图8-58所示。

步骤 02 打开"属性"对话框，在"系列"界面中设置"分类间距"为"100%"，如图8-59所示。

步骤 03 随后选中"次坐标轴"单选按钮，如图8-60所示，此时图表中的两个系列会重叠在一起。

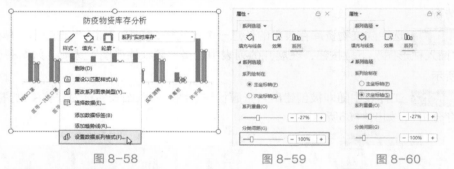

图 8-58　　　　　图 8-59　　　　　图 8-60

步骤 04 切换到"填充与线条"界面，单击"填充"右侧的下拉按钮，在展开的颜色列表中选择"浅绿"色，如图8-61所示。

步骤 05 橙色的系列随即变成浅绿色，效果如图8-62所示。

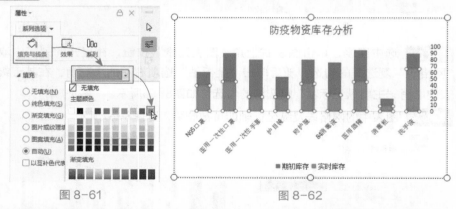

图 8-61　　　　　　　　　　图 8-62

步骤 06 在图表中双击任意蓝色的柱形系列，在"属性"窗格的"填充与线条"界面中选择"无填充"单选按钮，如图8-63所示，将蓝色的系列设置成透明。

步骤 07 在"填充与线条"界面中的"线条"组内选中"实线"单选按钮，

设置线条颜色为"灰色",如图8-64所示。

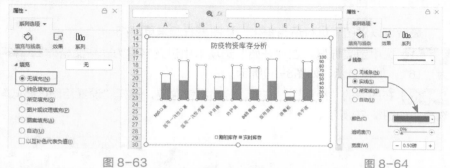

图 8-63   图 8-64

步骤 08 此时数据系列的效果基本设置完成了,单击图表右侧的次要纵坐标轴,按【Delete】键将其删除,如图8-65所示。

步骤 09 单击图表右上角的"图表元素"按钮,在展开的列表中单击"数据标签"选项右侧小三角,在其下级列表中选择"数据标签内"选项,如图8-66所示。

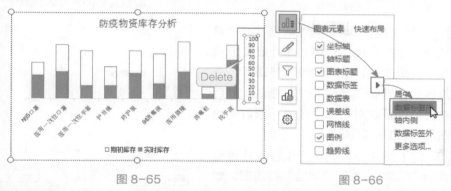

图 8-65   图 8-66

步骤 10 图表中随即被添加数据标签。由于"消毒柜"系列比较短,两个标签发生了重叠,如图8-67所示。

步骤 11 选中"消毒柜"系列中的数据标签,手动调整一下标签的位置使其看起来更自然,如图8-68所示。

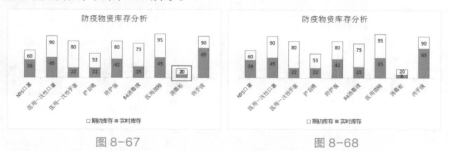

图 8-67   图 8-68

（3）美化图表

最后可以对图表进行适当美化，让图表看起来更漂亮。

步骤 01 选中图表标题。在"开始"选项卡中设置字体为"华文楷体"，字号为"16"，加粗显示，如图8-69所示。

步骤 02 在图表的"绘图区"右击，弹出右键菜单，选择"设置绘图区格式"选项，如图8-70所示。

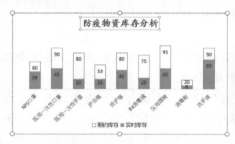

图 8-69　　　　　　　　　　　图 8-70

步骤 03 打开"属性"对话框，在"填充与线条"界面中选择"图片或纹理填充"单选按钮，单击"请选择图片"下拉按钮，选择"本地文件"选项，随后在弹出的系统对话框中选择一张需要的图片，如图8-71所示。

步骤 04 图片导入成功后设置图片透明度为"65%"，关闭"属性"对话框，如图8-72所示。

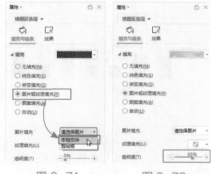

图 8-71　　　　　　图 8-72

步骤 05 在图表中单击绘图区，拖动绘图区周围的控制点，适当调整绘图区的大小，如图8-73所示。

至此，完成防疫物资库存分析图表的制作，最终效果如图8-74所示。

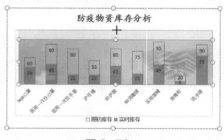

图 8-73

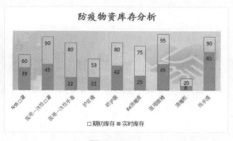

图 8-74

制作财务预算与支出明细图表

本章主要介绍了图表以及数据透视表的应用，接下来希望读者利用本章所学知识，根据提供的数据源创建财务预算与支出明细图表，如图8-75所示。

操作提示

① 使用1~12月的"支出占比"和"支出占比预算"数据创建"带数据标记的折线图"，设置"支出占比"系列在"次坐标轴"显示。

② 在"支出占比预算"合计数据的右侧空白单元格中输入公式"=1-F14"(F14为支出占比预算合计数据所在单元格)，选中F14:G14单元格区域，创建"圆环图"。利用文本框在圆环中间输入"75.47%"。

③ 使用1~12月的"支出金额"及"预算金额"数据创建"簇状柱形图"，适当调整系列重叠及分类间距。

④ 所有图表样式均从内置样式库中选择，去除图表中的多余元素，将所有图表背景和边框设置成透明。拖动图表将三个图表摆放好。

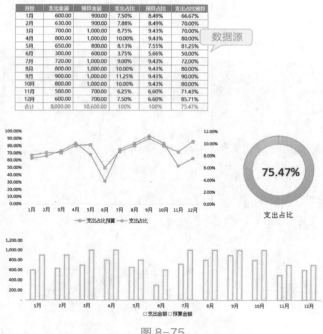

图 8-75

WPS 演示
应用篇

第9章

创造夺人眼球
的演示文稿

在日常工作中，我们经常会用到演示文稿。在演讲中，一份出色的演示文稿，更能吸引观众的眼球。在制作演示文稿前，用户需要掌握幻灯片的基本操作。本章将对演示文稿的基本操作、幻灯片的基本操作、文本框的应用、艺术字的应用等进行详细介绍。

9.1

演示文稿的基本操作

演示文稿的基本操作包括创建演示文稿、保存演示文稿以及调整视图模式等。用户制作演示文稿之前，需要掌握这些操作。

9.1.1　创建演示文稿

扫一扫　看视频

创建演示文稿很简单，用户可以根据需要创建空白演示文稿或模板演示文稿。

（1）创建空白演示文稿

启动WPS软件，在"首页"界面中单击"新建"按钮，打开"新建"界面，在上方选择"演示"选项，然后在"新建空白文档"下方单击选择幻灯片的背景色，即可创建以"白色""灰色渐变"和"黑色"为背景色的空白演示文稿，如图9-1所示。

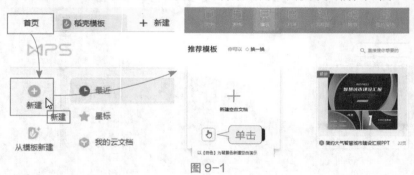

图 9-1

（2）创建模板演示文稿

在"新建"界面中选择"品类专区"中的"免费专区"选项，并从其级联列表中选择需要的模板类型，在弹出的界面中选择模板演示文稿，单击"免费使用"按钮，如图9-2所示。登录账号后，即可免费下载模板演示文稿。

图 9-2

办公小课堂

在模板演示文稿下方，带有 图标的表示需要开通稻壳会员，才能免费下载；而带有 图标的表示只需登录账号，就可以免费下载。

9.1.2 保存演示文稿

扫一扫 看视频

创建空白演示文稿后，用户需要将其保存到合适位置，然后再进行编辑操作。在演示文稿中单击"保存"按钮，打开"另存为"对话框，选择保存位置，并设置"文件名"，单击"保存"按钮即可，如图9-3所示。

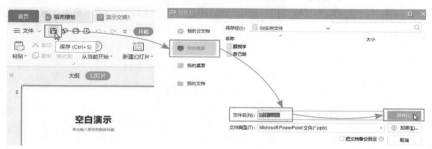

图 9-3

如果需要将演示文稿另存为一个副本，则可以单击"文件"按钮，从列表中选择"另存为"选项，如图9-4所示。在打开的"另存为"对话框中，更改演示文稿的保存位置或文件名，单击"保存"按钮即可。

图 9-4

9.1.3 调整视图模式

演示文稿中默认的视图模式为"普通视图"，用户可以将视图模式调整为"幻灯片浏览视图"或"阅读视图"。

（1）普通视图

在普通视图下，将光标移至编辑区上方，滑动鼠标滚轮即可对幻灯片的内容进行查看，如图9-5所示。

图 9-5

（2）幻灯片浏览视图

在幻灯片浏览视图下可以对演示文稿中的所有幻灯片进行查看或重新排列，如图 9-6所示。用户只需要在"视图"选项卡中单击"幻灯片浏览"按钮，即可进入幻灯片浏览视图模式。

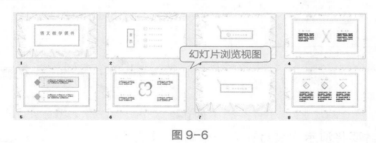

图 9-6

（3）阅读视图

在阅读视图下用户可以查看幻灯片中的动画和切换效果，无须切换到全屏幻灯片放映，如图 9-7所示。用户只需要在"视图"选项卡中单击"阅读视图"按钮，即可进入阅读视图模式。

图 9-7

技巧延伸

当演示文稿处于幻灯片浏览视图模式或阅读视图模式时，如果想要恢复到默认的视图模式，则可以在状态栏中单击"普通视图"按钮，即可恢复到普通视图。

9.2 幻灯片的基本操作

幻灯片的基本操作包括：插入和删除幻灯片、移动与复制幻灯片、隐藏与显示幻灯片以及在幻灯片中输入文本等。

9.2.1 插入和删除幻灯片

当演示文稿中的幻灯片较少时，可以插入幻灯片。当演示文稿中有多余的幻灯片时，可以根据实际情况删除幻灯片。

（1）插入幻灯片

选择幻灯片，在"开始"选项卡中单击"新建幻灯片"下拉按钮，从列表中选择"母版"选项，并在其下方选择一种合适的幻灯片版式，单击"立即使用"按钮，如图9-8所示，即可插入一张幻灯片。

此外，用户也可以选择幻灯片后单击鼠标右键，从弹出的快捷菜单中选择"新建幻灯片"命令，如图9-9所示。

图 9-8　　　　　　　　　　图 9-9

（2）删除幻灯片

选择需要删除的幻灯片，单击鼠标右键，从弹出的快捷菜单中选择"删除幻灯片"命令即可，如图9-10所示。

此外，用户选择幻灯片后，直接按【Delete】键，也可以将所选幻灯片删除。

办公小课堂

如果用户通过右键新建一个空白演示文稿，则可以单击"单击此处添加第一张幻灯片"文本，如图9-11所示，插入幻灯片。

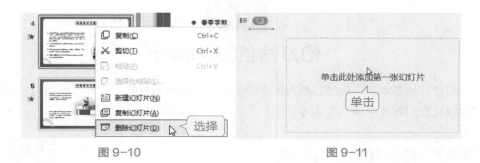

图 9-10　　　　　　　　　　　　　图 9-11

9.2.2　移动与复制幻灯片

当需要调整幻灯片的位置，用户可以移动幻灯片。当需要制作内容相似的幻灯片，用户可以复制幻灯片。

（1）移动幻灯片

选择幻灯片，按住鼠标左键不放，将其拖至需要移动到的位置后释放鼠标左键即可，如图9-12所示。

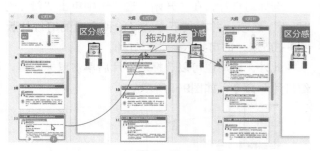

图 9-12

技巧延伸

用户还可以通过快捷键移动幻灯片，按【Ctrl+X】组合键剪切幻灯片，将光标插入需要移动到的位置，然后按【Ctrl+V】组合键粘贴幻灯片即可。

此外，用户也可以在幻灯片浏览视图下移动幻灯片。在"视图"选项卡中单击"幻灯片浏览"按钮，进入浏览视图模式，然后选择幻灯片，按住鼠标左键不放，将其拖至合适位置，即可移动幻灯片，如图9-13所示。

图 9-13

（2）复制幻灯片

选择幻灯片，在"开始"选项卡中单击"复制"按钮，将光标插入到需要粘贴的位置，单击"粘贴"按钮，如图9-14所示，即可复制所选幻灯片。

图 9-14

此外，如果用户需要将幻灯片复制到其他演示文稿中，则可以选择幻灯片，按【Ctrl+C】组合键进行复制，在需要复制到的演示文稿中插入光标，单击鼠标右键，从弹出的快捷菜单中选择"带格式粘贴"选项，如图9-15所示，即可复制相同幻灯片。

图 9-15

办公小课堂

用户可以通过快捷菜单快速复制一张幻灯片。选择幻灯片，单击鼠标右键，从弹出的快捷菜单中选择"复制幻灯片"命令即可，如图9-16所示。

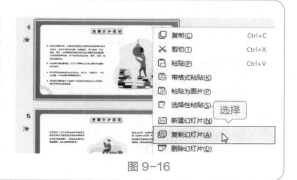

图 9-16

9.2.3 隐藏与显示幻灯片

如果用户不想将某张幻灯片放映出来，则可以将其隐藏，需要放映的时候再将其显示出来。

（1）隐藏幻灯片

选择幻灯片，单击鼠标右键，从弹出的快捷菜单中选择"隐藏幻灯片"选项，即可隐藏所选幻灯片，如图9-17所示。幻灯片被隐藏后，在该幻灯片序号上会出现隐藏符号"\"。

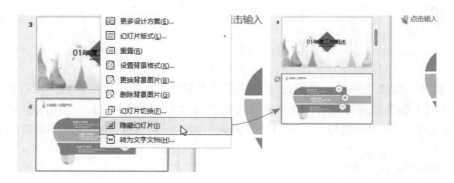

图 9-17

（2）显示幻灯片

如果需要将隐藏的幻灯片显示出来，则可以选择幻灯片，单击鼠标右键，从弹出的快捷菜单中再次选择"隐藏幻灯片"选项即可，如图9-18所示。或者在"幻灯片放映"选项卡中单击"隐藏幻灯片"按钮，如图9-19所示，取消其选中状态。

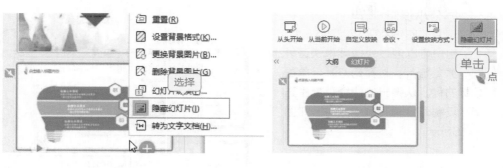

图 9-18   图 9-19

9.2.4　在幻灯片中输入文本

在演示文稿中新建的幻灯片一般带有占位符，用户可以在占位符中直接输入文本。例如，新建一个标题幻灯片，幻灯片中的"单击此处添加标题"和"单击此处添加副标题"的虚线框，即为文本占位符，如图9-20所示。将光标插入到占位符中，直接输入文本内容即可，如图9-21所示。

图 9-20

图 9-21

用户也可以在幻灯片中绘制一个文本框，在文本框中输入文本内容，如图9-22所示。

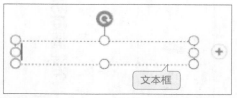

图 9-22

9.3

文本框的应用

文本框主要用来输入文本内容，用户需要在幻灯片中插入文本框，输入内容后，可以对文本框进行相关编辑。

9.3.1　插入文本框

在幻灯片中，用户可以插入"横向文本框"或"竖向文本框"。

扫一扫 看视频

在"插入"选项卡中单击"文本框"下拉按钮，从列表中选择一种预设文本框，如图9-23所示。

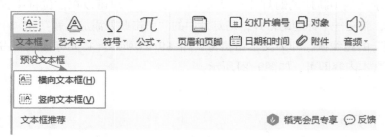

图 9-23

　　如果用户选择"横向文本框"选项，鼠标光标变为十字形，按住鼠标左键不放，拖动鼠标，则可以绘制一个横向文本框，用户可以在文本框中输入横排文字内容，如图9-24所示。

　　若选择"竖向文本框"选项，则可以绘制一个竖向文本框，用户可以在文本框中输入竖排文字内容，如图9-25所示。

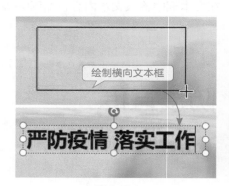

图 9-24

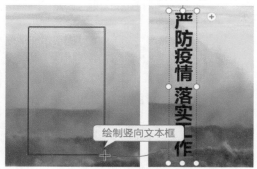

图 9-25

技巧延伸

　　用户也可以在幻灯片中插入稻壳推荐的文本框。在"文本框"列表中选择"文本框推荐"选项下的"免费"选项，在该选项下选择合适的文本框样式，单击"免费使用"按钮，如图9-26所示。登录账号后，即可在幻灯片中插入所选文本框。

图 9-26

9.3.2 编辑文本框

扫一扫 看视频

在幻灯片中插入文本框后，用户可以对文本框进行相关编辑操作，例如设置文本框的填充颜色、轮廓样式和形状效果。

（1）设置文本框填充颜色

选择文本框，在"绘图工具"选项卡中单击"填充"下拉按钮，从列表中选择合适的颜色，即可为文本框设置填充颜色，如图9-27所示。

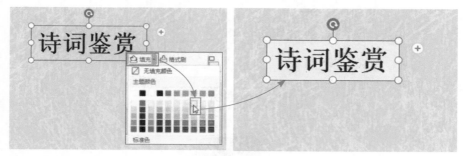

图 9-27

（2）设置文本框轮廓样式

选择文本框，在"绘图工具"选项卡中单击"轮廓"下拉按钮，从列表中选择合适的颜色，即可为文本框设置轮廓颜色，如图9-28所示。

在"轮廓"列表中选择"线型"选项，并从其级联列表中选择合适的线型粗细，即可设置文本框的线型，如图9-29所示。

在"轮廓"列表中选择"虚线线型"选项，并从其级联列表中选择合适的线型样式，即可设置文本框的虚线线型，如图9-30所示。

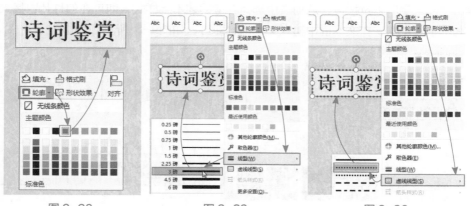

图 9-28　　　　　　图 9-29　　　　　　图 9-30

（3）设置文本框形状效果

选择文本框，在"绘图工具"选项卡中单击"形状效果"下拉按钮，从列表中可以为文本框设置阴影、倒影、发光、柔化边缘、三维旋转效果，如图9-31所示。

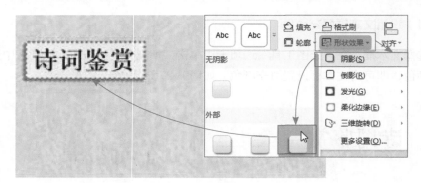

图 9-31

9.4
艺术字的应用

在幻灯片中使用艺术字可以为幻灯片增添色彩。插入艺术字后，用户可以对艺术字进行编辑。

 插入艺术字

扫一扫 看视频

WPS为用户提供了多种预设的艺术字样式。在"插入"选项卡中单击"艺术字"下拉按钮，从列表中选择合适的艺术字样式，即可在幻灯片中插入一个艺术字文本框，在文本框中输入文本内容即可，如图9-32所示。

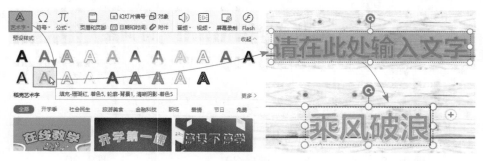

图 9-32

9.4.2　编辑艺术字

在幻灯片中插入艺术字后，用户可以对艺术字进行编辑，例如更改艺术字样式、填充颜色、轮廓颜色、效果等。

（1）更改艺术字样式

选择艺术字，在"文本工具"选项卡中单击"其他"下拉按钮，从列表中选择一种艺术字样式，即可将艺术字更改为所选艺术字样式，如图9-33所示。

图 9-33

（2）更改艺术字填充颜色

选择艺术字，在"文本工具"选项卡中单击"文本填充"下拉按钮，从列表中选择合适的颜色，即可更改艺术字的填充颜色，如图9-34所示。

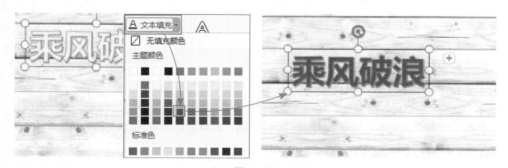

图 9-34

（3）更改艺术字轮廓颜色

选择艺术字，在"文本工具"选项卡中单击"文本轮廓"下拉按钮，从列表中选择合适的轮廓颜色，即可更改艺术字的轮廓颜色，如图9-35所示。

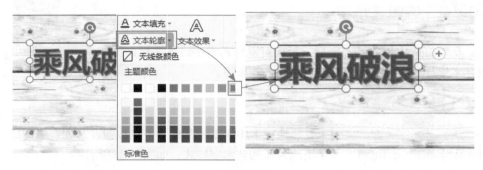

图 9-35

（4）更改艺术字效果

选择艺术字，在"文本工具"选项卡中单击"文本效果"下拉按钮，从列表中选择阴影、倒影、发光、三维旋转、转换等选项，即可更改艺术字的效果，如图9-36所示。

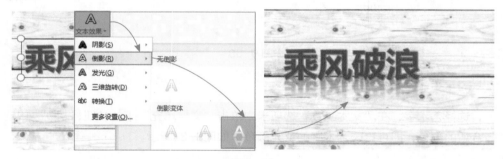

图 9-36

办公小课堂

在"文本效果"列表中选择"更多设置"选项，打开"对象属性"窗格，在"效果"选项卡中可以对阴影、倒影、发光、三维格式、三维旋转等效果进行更详细的设置。

9.5

页面设置

制作演示文稿时，一般需要对幻灯片的页面进行设置，例如设置幻灯片版式、设置幻灯片背景、设置幻灯片大小等。

9.5.1 设置幻灯片版式

扫一扫 看视频

WPS为用户内置了多种幻灯片版式，只需要在"开始"选项卡中单击"新建幻灯片"下拉按钮，从弹出的面板中选择"母版"选项，并在下方选择需要的幻灯片版式，单击"立即使用"按钮，如图9-37所示，即可创建新版式的幻灯片。

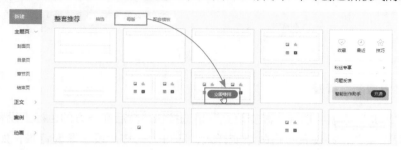

图 9-37

此外，如果用户想要快速更改当前的幻灯片版式，则可以在"开始"选项卡中单击"版式"下拉按钮，从列表中选择合适的幻灯片版式，即可更改所选幻灯片的版式，如图9-38所示。

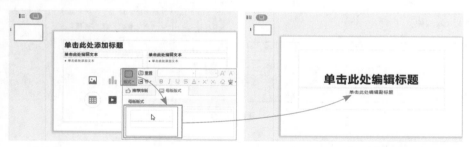

图 9-38

9.5.2 设置幻灯片背景

为了使幻灯片页面更丰富、美观，用户可以为幻灯片设置背景，例如设置纯色背景、渐变背景、图片背景、图案背景等。

（1）设置纯色背景

选择幻灯片，在"设计"选项卡中单击"背景"下拉按钮，从列表中选择"背景"选项，打开"对象属性"窗格，在"填充"选项中选择"纯色填充"单选按钮，单击"颜色"下拉按钮，从列表中选择合适的颜色，即可为幻灯片设置纯色背景，如图9-39所示。

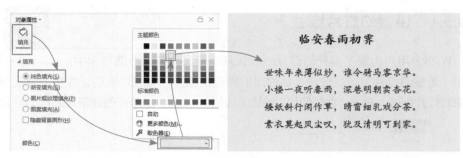

图 9-39

（2）设置渐变背景

在"填充"选项中选择"渐变填充"单选按钮，然后在下方的色标上设置各停止点的位置和颜色，并设置合适的渐变样式，即可为幻灯片设置渐变背景，如图9-40所示。

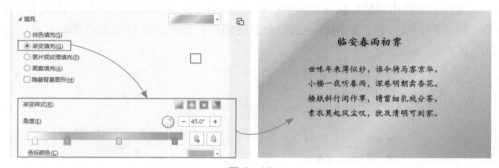

图 9-40

（3）设置图片背景

在"填充"选项中选择"图片或纹理填充"单选按钮，单击"图片填充"下拉按钮，从列表中选择"本地文件"选项，打开"选择纹理"对话框，从中选择合适的图片，单击"打开"按钮，即可为幻灯片设置图片背景，如图9-41所示。

图 9-41

（4）设置图案背景

在"填充"选项中选择"图案填充"单选按钮，在下方的列表中选择合适的图案样式，然后设置图案的前景颜色和背景颜色，即可为幻灯片设置图案背景，如图9-42所示。

图 9-42

技巧延伸

用户如果想要将幻灯片背景保存为图片，则需要单击"背景"下拉按钮，从列表中选择"背景另存为图片"选项，打开"另存为图片"对话框，选择保存位置后，如图9-43所示，单击"保存"按钮即可。

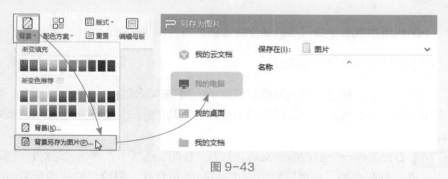

图 9-43

9.5.3 设置幻灯片大小

扫一扫 看视频

在演示文稿中新建的幻灯片默认大小为"宽屏（16:9）"。用户可以根据需要更改幻灯片的大小。在"设计"选项卡中单击"幻灯片大小"下拉按钮，在列表中可以将幻灯片设置为"标准（4:3）"大小。或者选择"自定义大小"选项，打开"页面设置"对话框，在"幻灯片大小"下拉列表中选择"自定义"选项，然后设置"宽度"和"高度"值，单击"确定"按钮，如图9-44所示。弹出"页面缩放选项"对话框，从中单击"确保适合"按钮即可，如图9-45所示。

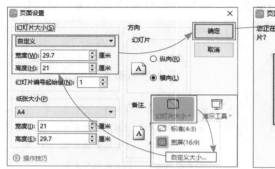

图 9-44

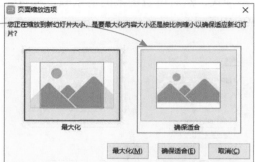

图 9-45

制作病毒防御宣传演示文稿

下面利用本章所学知识点，制作病毒防御宣传演示文稿。

（1）制作演示文稿背景版式

在制作演示文稿前，首先要确定好演示文稿整体版式，包括封面页版式、内容页版式和结尾页版式。下面将通过幻灯片母版功能先设定好该演示文稿的版式布局。

步骤 01 右键新建一个空白演示文稿，打开"视图"选项卡，单击"幻灯片母版"按钮，进入母版视图，在预览窗格中选择第1张幻灯片，删除幻灯片中所有占位符，在"幻灯片母版"选项卡中单击"背景"按钮，打开"对象属性"窗格，在"填充"选项中选择"纯色填充"单选按钮，然后设置合适的填充颜色，如图9-46所示。

步骤 02 在"插入"选项卡中单击"形状"下拉按钮，从列表中选择"矩形"选项，拖动鼠标，在幻灯片中绘制一个矩形，如图9-47所示。

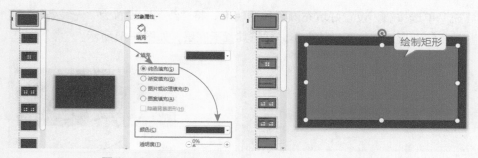

图 9-46　　　　　　　　　　　　　　　　　　　图 9-47

步骤 03　选择矩形，在"绘图工具"选项卡中单击"填充"下拉按钮，从列表中选择"白色，背景1"选项，单击"轮廓"下拉按钮，从列表中选择"无线条颜色"选项，打开"插入"选项卡，单击"图片"按钮，打开"插入图片"对话框，选择需要的图片，将其插入到幻灯片中，调整图片的大小，放置于页面合适位置，如图9-48所示。

步骤 04　选择标题幻灯片版式，打开"对象属性"窗格，在"填充"选项中勾选"隐藏背景图形"复选框，如图9-49所示。在"幻灯片母版"选项卡中单击"关闭"按钮，退出母版视图。

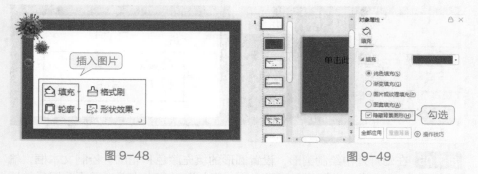

图 9-48　　　　　　　　　　　　　　　　　　　图 9-49

（2）制作演示文稿内容

版式布局设定好后，接下来就可以直接调用相应的版式来制作演示文稿的内容了。

步骤 01　在演示文稿中单击"单击此处添加第一张幻灯片"文本，如图9-50所示。新建第1张幻灯片。

步骤 02　在"插入"选项卡中单击"形状"下拉按钮，选择"椭圆"选项，按住【Shift】键不放，拖动鼠标，绘制正圆形。右击该圆形，选择"设置对象格式"选项，在"对象属性"窗格的"填充与线条"选项卡中选择"纯色填充"单选按钮，设置好填充颜色和透明度。将"线条"设置为"无线条"，然后复制圆形，调整圆形的大小，并将其置于底层，如图9-51所示。

図 9-50　　　　　　　　　　　　　図 9-51

步骤 03 在占位符中输入文本内容，并设置文本的字体格式，将文本移至合适位置，然后在"插入"选项卡中单击"图片"按钮，插入一张图片，如图9-52所示。

步骤 04 在"开始"选项卡中单击"新建幻灯片"下拉按钮，新建一张空白幻灯片，在幻灯片中绘制文本框，并输入"目录"文本，设置文本的字体格式，如图9-53所示。

図 9-52　　　　　　　　　　　　　図 9-53

步骤 05 在幻灯片中绘制圆形，设置圆形的填充颜色和轮廓。绘制文本框，输入序号"01"，将文本框移至圆形上方，复制圆形和文本框，并更改圆形的填充颜色和文本框中的序号，如图9-54所示。最后在圆形后面输入相关标题内容即可，如图9-55所示。

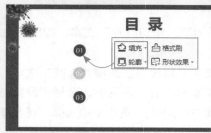 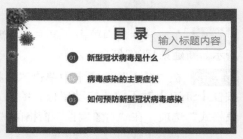

図 9-54　　　　　　　　　　　　　図 9-55

步骤 06 按回车键，新建第3张幻灯片，在幻灯片中输入标题和正文内容，并设置文本的字体格式，插入一张图片，将图片移至合适位置，如图9-56所示。

步骤 07 新建第4张幻灯片，输入标题文本，在幻灯片中绘制多个矩形，设置矩形的填充颜色和轮廓，如图9-57所示。

图 9-56

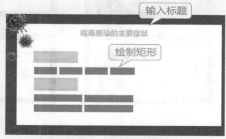

图 9-57

步骤 08 选择矩形，单击鼠标右键，从中选择"编辑文字"选项，在矩形中输入文本，然后在幻灯片中插入一张图片，如图9-58所示。

步骤 09 新建第5张幻灯片。在幻灯片中输入标题和正文内容，并设置文本的字体格式，如图9-59所示。

图 9-58

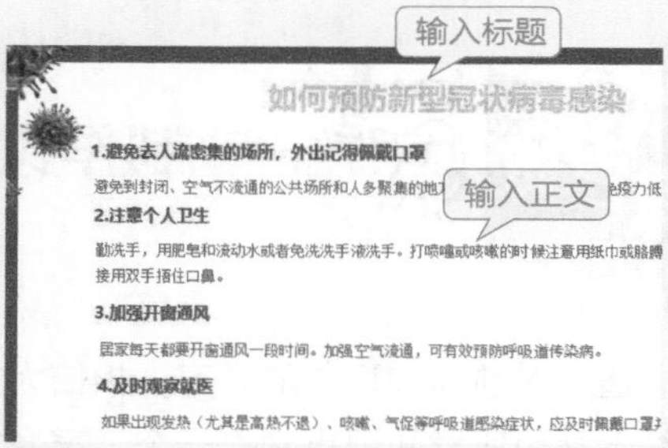

图 9-59

步骤 10 选择第1张幻灯片，按【Ctrl+C】组合键进行复制，然后将光标插入到最后一张幻灯片下方，按【Ctrl+V】组合键进行粘贴，复制一张幻灯片后，修改幻灯片中的文本内容即可，如图9-60所示。

图 9-60

至此，病毒防疫宣传演示文稿制作完毕，最终效果如图9-61所示。

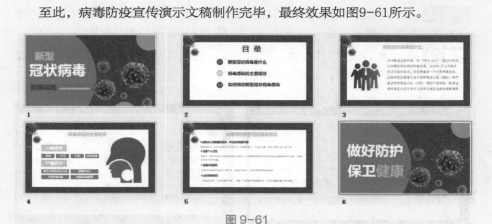

图 9-61

制作家乡宣传演示文稿

通过对前面知识点的学习，相信大家已经掌握了演示文稿的基本操作技巧。下面就综合利用所学知识点制作一个"家乡宣传演示文稿"，效果如图9-62所示。

操作提示

❶ 右键新建空白演示文稿，新建一个空白幻灯片，在幻灯片中插入图片，输入标题文本，并设置文本的字体格式。

❷ 新建第2张幻灯片，在幻灯片中插入图片，并移至幻灯片上方，绘制圆形，并在圆形上方输入文本，在圆形下方输入相关内容。

❸ 新建第3张幻灯片，输入标题和正文内容，然后插入一张图片。

❹ 新建第4张幻灯片，输入标题和正文内容，在幻灯片中插入2张图片，并将图片移至合适位置。

❺ 新建第5张幻灯片，输入标题，插入3张图片，调整图片大小，并放置于合适位置，在图片下方绘制矩形，并在矩形中输入相关文本内容。

⑥ 新建第6张幻灯片，在幻灯片中插入图片，并在图片上方输入标题文本"谢谢观看"。

图 9-62

第10章

精心设计
幻灯片元素

在幻灯片中除了输入文字外，还可以添加其他元素，例如图片、图形、音频、视频等，这些元素主要用来修饰幻灯片页面并辅助演讲。本章将对图片、形状、智能图形、音频和视频的应用等进行详细介绍。

10.1
图片的应用

用户在幻灯片中插入图片后，可以对图片进行相关编辑操作，例如裁剪图片、抠除图片背景等，还可以对图片进行美化。

10.1.1 插入图片

在WPS演示中，用户不仅可以插入本地图片，还可以分页插入图片以及插入屏幕截图。

扫一扫 看视频

（1）插入本地图片

在"插入"选项卡中单击"图片"下拉按钮，从列表中选择"本地图片"选项，打开"插入图片"对话框，从中选择需要的图片，单击"打开"按钮，即可将所选图片插入到幻灯片中，如图10-1所示。

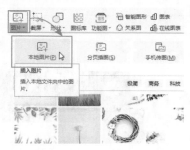
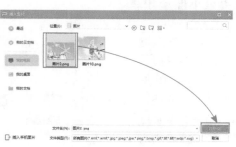

图 10-1

（2）分页插入图片

在"图片"列表中选择"分页插图"选项，打开"分页插入图片"对话框，在对话框中选择多张图片，单击"打开"按钮，即可将选择的3张图片分别插入到3张幻灯片中，如图10-2所示。

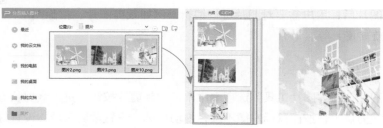

图 10-2

（3）插入屏幕截图

在"插入"选项卡中单击"截屏"下拉按钮，从列表中选择需要的选项，这里选择"截屏时隐藏当前窗口"选项，按住鼠标左键不放，拖动鼠标，选取屏幕区域，选取好后在下方弹出一个工具栏，单击"完成"按钮，如图10-3所示，即可将截取的图片插入到幻灯片中。

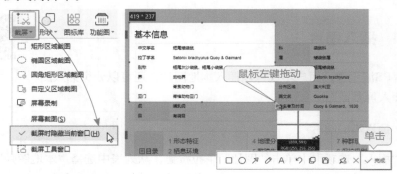

图 10-3

办公小课堂

用户可以搜索需要的图片，将其插入到幻灯片中。单击"图片"下拉按钮，在弹出列表的搜索框中输入需要搜索的内容，按回车键确认，在幻灯片右侧弹出一个"图片库"窗格，显示搜索到的所有图片，选择合适的图片，在上方单击"插入图片"图标，如图10-4所示。开通会员并登录账号后，即可将图片插入到幻灯片中。

图 10-4

10.1.2　编辑图片

插入图片后，用户需要对图片进行编辑，例如裁剪图片、抠除图片背景、旋转图片等。

扫一扫 看视频

（1）裁剪图片

选择图片，在"图片工具"选项卡中单击"裁剪"按钮，进入裁剪状态，将鼠标光标放在裁剪点上，按住鼠标左键不放，拖动鼠标，设置裁剪区域，设置好后按回车键确认裁剪即可，如图10-5所示。

图 10-5

（2）抠除图片背景

选择图片，在"图片工具"选项卡中单击"抠除背景"下拉按钮，从列表中选择"智能抠除背景"选项，打开"抠除背景"窗格，鼠标单击需要抠除的图片区域，然后根据实际情况在"当前点抠除程度"选项中拖动滑块，调整抠除程度，调整好后单击"长按预览"按钮，或长按空格键，预览抠除背景的效果。最后单击"完成抠图"按钮即可，如图10-6所示。

图 10-6

技巧延伸

用户在"抠除背景"窗格中单击"撤销"选项，可以撤销上一步的操作，单击"重做"选项，可以恢复上一步的操作，单击"清空操作"按钮，可以清除所有操作。

（3）旋转图片

选择图片，在"图片工具"选项卡中单击"旋转"下拉按钮，从列表中可以选择设置旋转90°或水平/垂直翻转，这里选择"水平翻转"选项，即可将图片水平翻转，如图10-7所示。

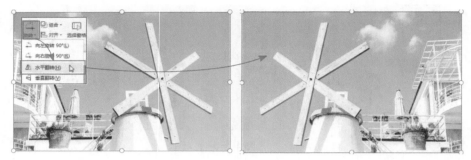

图 10-7

10.1.3　美化图片

扫一扫 看视频

为了使图片看起来更加美观，用户可以对图片的亮度/对比度进行调整，或者设置图片的样式。

（1）调整亮度/对比度

选择图片，在"图片工具"选项卡中单击"增加亮度"按钮，可以增加图片的亮度，如图10-8所示。单击"降低亮度"按钮，可以降低图片的亮度。单击"增加对比度"按钮，图片变得清晰醒目，并且颜色鲜丽，如图10-9所示。单击"降低对比度"按钮，图片就变得灰暗不清晰。

图 10-8

图 10-9

（2）设置图片样式

用户可以对图片的轮廓和效果进行设置。选择图片，在"图片工具"选项卡中单击"图片轮廓"下拉按钮，从列表中可以设置轮廓的颜色、线型和虚线线型。

单击"图片效果"下拉按钮，从列表中可以为图片设置"阴影""倒影""发光""柔化边缘""三维旋转"等效果，如图10-10所示。

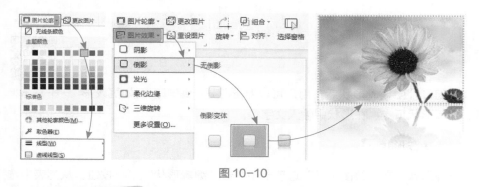

图 10-10

办公小课堂

如果用户想要取消对图片做出的所有更改，将图片恢复到原始状态，则可以选择图片后，在"图片工具"选项卡中单击"重设图片"按钮即可。

10.2
形状的应用

用户除了在幻灯片中插入图片来美化页面外，还可以插入形状，并且根据需要编辑形状。

10.2.1　插入形状

扫一扫 看视频

在WPS演示中内置了"线条""矩形""基本形状""箭头总汇"等9种形状样式。在"插入"选项卡中单击"形状"下拉按钮，从列表中选择一种形状，这里选择"圆角矩形"选项，鼠标光标变为十字形，按住鼠标左键不放，拖动鼠标，即可绘制一个形状，如图10-11所示。

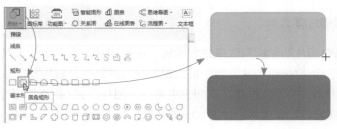

图 10-11

10.2.2 编辑形状

扫一扫 看视频

在幻灯片中插入形状后，用户可以对形状进行编辑，例如更改形状、编辑形状顶点、在形状中输入文字等。

（1）更改形状

选择形状，在"绘图工具"选项卡中单击"编辑形状"下拉按钮，从列表中选择"更改形状"选项，并从其级联列表中选择其他形状，这里选择"等腰三角形"选项，即可快速更改形状，如图10-12所示。

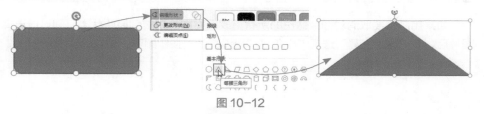

图 10-12

（2）编辑形状顶点

选择形状，在"绘图工具"选项卡中单击"编辑形状"下拉按钮，从列表中选择"编辑顶点"选项，在形状的顶点上出现黑色小方块，将鼠标光标放在黑色小方块上，按住鼠标左键不放，拖动鼠标，改变顶点位置，即可更改形状的样式，如图10-13所示。编辑好顶点后按【Esc】键退出。

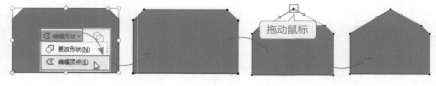

图 10-13

（3）在形状中输入文字

选择形状，单击鼠标右键，从弹出的快捷菜单中选择"编辑文字"命令，光标自动插入形状中，直接输入文本内容即可，如图10-14所示。

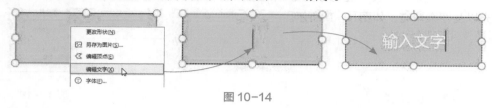

图 10-14

技巧延伸

　　在幻灯片中插入多个形状后，为了方便统一管理，用户可以将其组合在一起。选择需要组合在一起的形状，单击鼠标右键，从弹出的快捷菜单中选择"组合"选项，并选择"组合"命令，即可将选择的形状组合成一个图形，如图10-15所示。在"绘图工具"选项卡中单击"组合"下拉按钮，从列表中选择"取消组合"选项，如图10-16所示，可以取消形状的组合。

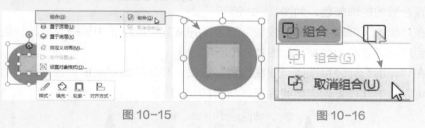

图 10-15　　　　　　　　　图 10-16

10.2.3　美化形状

　　形状添加完成后，若对效果不满意，用户可对其效果进行调整，例如调整形状的填充颜色、形状轮廓样式、形状效果等。下面将分别对其操作进行简单介绍。

（1）设置形状填充颜色

　　选择形状，在"绘图工具"选项卡中单击"填充"下拉按钮，在列表中可以为形状设置合适的填充颜色，如图10-17所示。

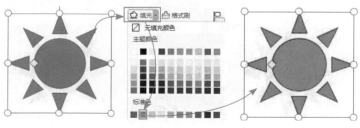

图 10-17

在"填充"列表中还可以为形状设置渐变填充、图片或纹理填充以及图案填充，如图10-18所示。

图 10-18

办公小课堂

用户可以使用"取色器"功能，将其他颜色提取并应用到形状中。选择形状，在"填充"列表中选择"取色器"选项，鼠标光标变为吸管形状，在需要提取的颜色上单击鼠标，即可将该颜色填充到形状上。

（2）设置形状轮廓

选择形状，在"绘图工具"选项卡中单击"轮廓"下拉按钮，在列表中可以为形状设置合适的轮廓颜色，如图10-19所示。

在"轮廓"列表中选择"线型"选项，并从其级联菜单中选择合适的线型粗细，可以为形状设置轮廓线型，如图10-20所示。

在"轮廓"列表中选择"虚线线型"选项，并从其级联菜单中选择合适的线型样式，可以为形状设置轮廓虚线线型，如图10-21所示。

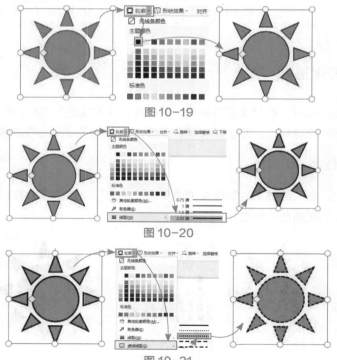

图 10-19

图 10-20

图 10-21

（3）设置形状效果

选择形状，在"绘图工具"选项卡中单击"形状效果"下拉按钮，在列表中可以为形状设置"阴影""倒影""发光""柔化边缘""三维旋转"等效果，如图10-22所示。

此外，在"形状效果"列表中选择"更多设置"选项，在打开的"对象属性"窗格中选择"效果"选项卡，在该选项卡中可以对"阴影""倒影""发光"等效果进行更详细的设置。

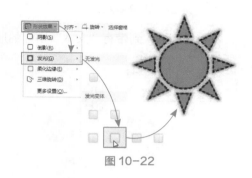

图 10-22

10.3
使用智能图形

WPS演示中提供了8种智能图形，包括列表、流程、循环、层次结构、关系、矩阵、棱锥图和图片。用户可以根据需要插入并编辑智能图形。

10.3.1　插入智能图形

扫一扫 看视频

在幻灯片中插入智能图形，可以以直观的方式交流信息。在"插入"选项卡中单击"智能图形"按钮，打开"选择智能图形"窗格，在窗格左侧选择智能图形类型，然后在右侧选择合适图形，单击"插入"按钮，如图10-23所示，即可将所选图形插入到幻灯片中。

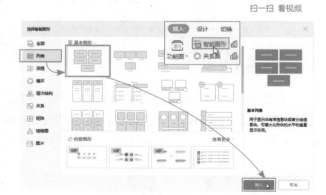

图 10-23

10.3.2　编辑智能图形

插入智能图形后，用户可以对图形进行编辑，例如在图形中输入文本、为图形添加项目、美化图形等。

（1）在图形中输入文本

将光标插入到带有"文本"字样的形状中，直接输入文本内容即可，如图10-24所示。

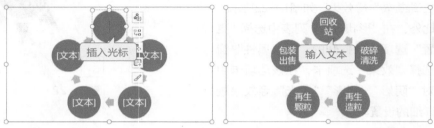

图10-24

（2）为图形添加项目

选择形状，在"设计"选项卡中单击"添加项目"下拉按钮，从列表中可以选择"在后面添加项目"或"在前面添加项目"选项，这里选择"在后面添加项目"选项，即可在所选形状的后面添加一个形状，如图10-25所示。

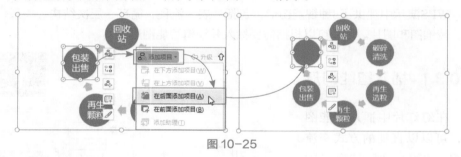

图10-25

（3）美化图形

选择图形，在"设计"选项卡中单击"更改颜色"下拉按钮，从列表中选择合适的主题颜色，即可更改图形的颜色，如图10-26所示。

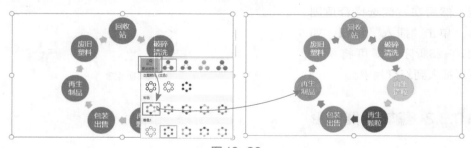

图10-26

在"设计"选项卡中选择需要的样式，即可快速更改图形的样式，如图10-27所示。

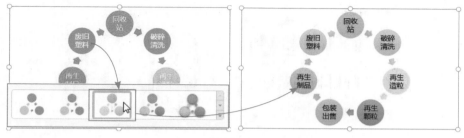

图 10-27

技巧延伸

选择图形中的形状，在"格式"选项卡中，可以设置形状的填充颜色和轮廓，如图10-28所示。

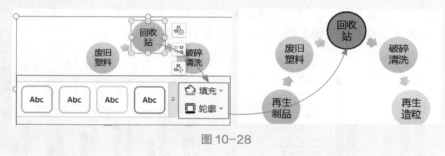

图 10-28

10.4
使用图表

用户除了可以在WPS表格中插入图表外，在WPS演示中也能实现该操作，并且还可以在图表中编辑数据。

10.4.1　插入图表

在幻灯片中，用户可以插入"柱形图""折线图""饼图""条形图"等图表。在"插入"选项卡中单击"图表"按钮，打开"插入图表"对话框，从中选择合适的图表类型，单击"插入"按钮即可，如图10-29所示。

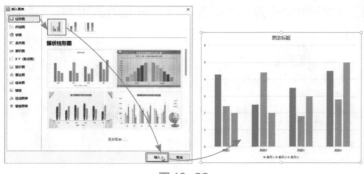

图 10-29

10.4.2 编辑图表数据

　　插入图表后，用户需要对图表中的数据进行编辑，从而制作出最终的图表效果。在图表上单击鼠标右键，从弹出的快捷菜单中选择"编辑数据"命令，打开一个工作表，输入相关数据后，关闭工作表即可，如图10-30所示。

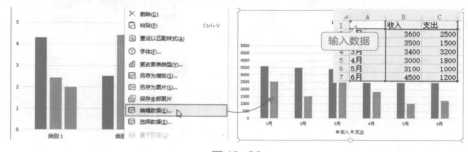

图 10-30

10.5
音频和视频的应用

　　在演讲时，为了集中观众注意力，活跃现场气氛，用户可以在幻灯片中插入音频或视频。

10.5.1 插入音频

　　插入音频的方法很简单，用户只需要在"插入"选项卡中单击"音频"下拉按钮，从列表中可以选择"嵌入音频""链接到音频""嵌入背景音乐""链接背景音乐"，这里选择"嵌入音频"选项，打开"插入音频"对话框，从中选择音频文件，单击"打开"按钮，如图10-31所示，即可将所选音频插入幻灯片中。

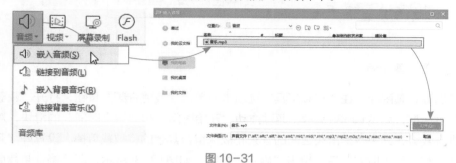

图 10-31

办公小课堂

插入音频后，在幻灯片中会出现一个小喇叭图标，这个图标就是音频图标，如图10-32所示。

图 10-32

10.5.2 编辑音频

在幻灯片中插入音频后，会弹出一个"音频工具"选项卡，在该选项卡中，用户可以对音频进行编辑，例如设置音频播放参数、裁剪音频等。

（1）设置音频播放参数

选择音频图标，在"音频工具"选项卡中单击"播放"按钮，可以播放音频。单击"音量"下拉按钮，可以将音量调整为"高""中""低""静音"。单击"开始"下拉按钮，可以将音频设置为自动播放或单击播放，如图10-33所示。

图 10-33

在"音频工具"选项卡中选中"当前页播放"单选按钮，插入的音频只应用于当前的这一张幻灯片；选中"跨幻灯片播放"单选按钮，该音频可从当前页幻灯片开始播放，直至指定页码停止；勾选"循环播放，直至停止"复选框，则重复播放音频，直至停止；勾选"放映时隐藏"复选框，则播放幻灯片时隐藏音频图标；勾选"播放完返回开头"复选框，音频播放完后自动返回音频开头，如图10-34所示。

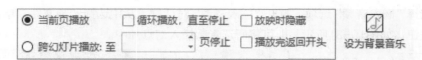

图 10-34

（2）裁剪音频

选择音频图标，在"音频工具"选项卡中单击"裁剪音频"按钮，打开"裁剪音频"对话框，如图10-35所示。通过拖动"开始时间"和"结束时间"的滑块，对声音进行裁剪，其中两个滑块之间的音频将被保留，其余的将被裁剪掉。设置好"开始时间"和"结束时间"后，单击"确定"按钮，如图10-36所示，即可将音频裁剪成指定时间长度。

图 10-35   图 10-36

10.5.3 插入视频

插入视频的方法和插入音频的方法相似。在"插入"选项卡中单击"视频"下拉按钮，从列表中可以选择"嵌入本地视频""链接到本地视频"和"网络视频"，这里选择"嵌入本地视频"选项，打开"插入视频"对话框，从中选择需要的视频文件，单击"打开"按钮，如图10-37所示，即可将所选视频插入幻灯片中。

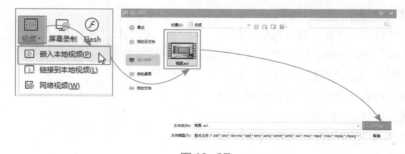

图 10-37

10.5.4 编辑视频

扫一扫 看视频

在幻灯片中插入视频后，用户可以对视频进行编辑，例如裁剪视频、设置视频封面等。

（1）裁剪视频

选择视频，在
"视频工具"选项卡
中单击"裁剪视频"
按钮，打开"裁剪
视频"对话框，如图
10-38所示。从中拖
动滑块设置视频的
"开始时间"和"结
束时间"，或者在下
方的数值框中微调
"开始时间"和"结

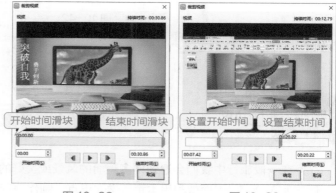

图 10-38　　　　　　　　图 10-39

束时间"，单击"确定"按钮，如图10-39所示，即可对视频进行裁剪。

（2）设置视频封面

选择视频，在视频下方的工具栏上单击"图片"按钮，如图10-40所示。打开
"视频封面"窗格，选择"封面图片"选项，在下方单击"选择图片文件"按钮，如
图10-41所示。打开"选择图片"对话框，从中选择合适的封面图片，单击"打开"
按钮，即可将所选图片设置为视频的封面。

图 10-40　　　　　　　　　图 10-41

办公小课堂

在"视频工具"选项卡中，勾选"全屏播放"复选框，则全屏播放视频；勾选"未
播放时隐藏"复选框，则视频未播放时隐藏视频；勾选"循环播放，直到停止"复选
框，则重复播放视频，直到停止；勾选"播放完返回开头"复选框，则视频播放完后
自动返回视频开头，如图10-42所示。

（图10-42）

图 10-42

跟我学　制作旅行日记演示文稿

在一段旅行中我们会遇到许多美丽的风景或美好的事物，将其记录下来，以便与他人分享。下面就利用本章所学知识点，制作旅行日记演示文稿。

（1）制作封面页

演示文稿的封面页的制作方法有很多，本案例将以设置透明色的方法来制作该演示文稿的封面内容。

步骤 01 新建一个空白演示文稿，在幻灯片中插入一张"墨迹"图片，并调整图片的大小，如图10-43所示。

步骤 02 选择"墨迹"图片，在"图片工具"选项卡中单击"抠除背景"下拉按钮，从列表中选择"设置透明色"选项，鼠标光标变为吸管形状，在黑色区域单击，将其设置为透明，如图10-44所示。

图 10-43

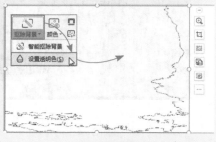

图 10-44

步骤 03 右击图片，在快捷菜单中选择"设置对象格式"选项，打开"对象属性"窗格，在"填充与线条"选项卡中选择"图片或纹理填充"单选按钮，单击"图片填充"下拉按钮，选择"本地文件"选项，在打开的对话框中选择需要的图片，将其填充到透明区域，如图10-45所示。

步骤 04 在幻灯片中输入标题文本，并设置文本的字体格式，在"插入"选项卡中单击"形状"下拉按钮，选择"椭圆"选项，绘制圆形，并设置圆形的填充颜色和轮廓，然后将圆形"置于底层"，如图10-46所示。

图 10-45

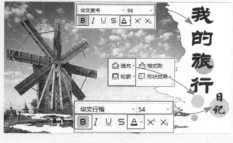

图 10-46

（2）制作内容页

封面页制作完毕后，接下来要制作内容页。本案例风格偏小清新，用户可以利用较为轻松的排版方式来摆放图片和文字。

步骤 01 新建第2张幻灯片，在幻灯片中插入一张图片，在"图片工具"选项卡中单击"裁剪"下拉按钮，选择"按形状裁剪"选项下的"椭圆"选项，接着在弹出的面板中选择"按比例裁剪"选项下的"1:1"选项，如图10-47所示。将图片裁剪成正圆形。调整图片的大小，将其放置于页面合适位置。

步骤 02 在幻灯片中再插入一张图片，将图片裁剪成正圆形，并调整图片的大小，将其移至合适位置，如图10-48所示。

图 10-47

图 10-48

步骤 03 在幻灯片中输入文本内容，绘制2条直线，并设置直线的轮廓颜色，将其放置于合适位置，接着绘制圆形，将圆形放置于图片周围，如图10-49所示。

步骤 04 按回车键新建第3张幻灯片，在幻灯片中输入文本内容，并插入2条直线和圆形，放在页面合适位置，如图10-50所示。

图 10-49　　　　　　　　　　　　　图 10-50

步骤 05 在"插入"选项卡中单击"形状"下拉按钮，选择"矩形"选项，绘制一个矩形，并复制 6 个矩形，将矩形错落地排列在一起，选择所有矩形，在"绘图工具"选项卡中单击"组合"下拉按钮，选择"组合"选项，将矩形组合在一起，如图 10-51 所示。

步骤 06 选择组合后的矩形，在"绘图工具"选项卡中单击"填充"下拉按钮，从列表中选择"图片或纹理"选项，并从其级联菜单中选择"本地图片"选项，在打开的窗格中选择合适的图片，单击"打开"按钮，将图片填充到矩形中，接着将矩形的轮廓设置为"无线条颜色"，如图 10-52 所示。

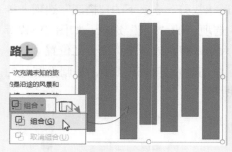

图 10-51　　　　　　　　　　　　　图 10-52

步骤 07 新建第 4 张幻灯片。在幻灯片中输入文本内容，插入 2 条直线和圆形，然后再插入一张图片，将图片放在文本内容的左侧，如图 10-53 所示。

步骤 08 新建第 5 张幻灯片。输入文本内容，在幻灯片的合适位置插入直线和圆形，并在页面的左侧和下方插入 2 张图片，如图 10-54 所示。

图 10-53　　　　　　　　　　　　　图 10-54

（3）制作结尾页

演示文稿结尾页很好设计。通常结尾页会与封面页相呼应，只需在封面页的基础上进行适当的调整即可。

步骤 01 选择第 1 张幻灯片，进行复制，将光标插入到第 5 张幻灯片的下方粘贴为第 6 张幻灯片，将幻灯片中的图片"水平翻转"，并移至页面右侧，接着将文本更改为"谢谢观看"，如图 10-55 所示。

步骤 02 选择图片，单击鼠标右键，从弹出的快捷菜单中选择"设置对象格式"命令，打开"对象属性"窗格，在"填充与线条"选项卡中单击"图片填充"下拉按钮，选择"本地文件"选项，在打开的窗格中选择合适的图片，将原始图片替换成所选图片即可，如图 10-56 所示。

图 10-55   图 10-56

至此，旅行日记演示文稿制作完毕，最终效果如图10-57所示。

图 10-57

制作野生动物保护宣传演示文稿

通过对前面知识点的学习，相信大家已经掌握了幻灯片元素的设计操作。下面就综合利用所学知识点制作一个"野生动物保护宣传演示文稿"，效果如图10-58所示。

操作提示

❶ 右键新建空白演示文稿，新建一个空白幻灯片，在"设计"选项卡中单击"背景"按钮，为幻灯片填充一张背景图片。在幻灯片中插入一张图片，放在页面左侧。绘制一个矩形，并设置矩形的填充颜色和轮廓，将矩形"置于底层"，最后输入标题文本。

❷ 新建第2张幻灯片，为幻灯片填充背景图片，绘制一个矩形，并设置矩形的填充颜色和轮廓，输入相关文本内容。

❸ 复制第2张幻灯片，删除幻灯片中的文本内容，然后输入其他文本，最后插入一张图片，完成第3张幻灯片的制作。

❹ 复制幻灯片，删除其中的文本和图片。然后输入相关内容，插入2行3列的表格，在单元格中填充图片，设置表格的样式，并调整其大小，完成第4张幻灯片的制作。

❺ 复制幻灯片，删除幻灯片中的内容，然后输入相关文本，在文本下方插入3张图片，制作第5张幻灯片。

❻ 复制为第6张幻灯片，删除幻灯片中相关内容，然后输入文本，在幻灯片中插入智能图形。

❼ 新建第7张幻灯片，插入图片，将图片调整到和幻灯片相同大小，绘制矩形，将矩形移至页面左侧，在上面输入文本内容即可。

图10-58

第11章

用动画赋予
幻灯片生命

　　在放映演示文稿时，幻灯片中的内容是静态的，如果用户想要使整个演示文稿更加生动活泼，则可以为幻灯片添加动画。本章将对幻灯片动画的设置、幻灯片切换效果的设置、超链接的创建和编辑等进行详细介绍。

设置幻灯片动画

WPS演示提供了进入、强调、退出、动作路径4种动画类型，用户可以对其进行任意组合，制作出千变万化的动画效果。

11.1.1 设置进入动画

扫一扫 看视频

所谓进入动画，是指可以让对象从幻灯片页面外以特有的方式进入到幻灯片。选择对象，打开"动画"选项卡，单击"其他"下拉按钮，在弹出的面板中单击"进入"动画选项下的"更多选项"按钮，展开更多进入动画，从中选择合适的动画效果，这里选择"劈裂"动画效果，即可为所选对象添加进入动画，如图11-1所示。

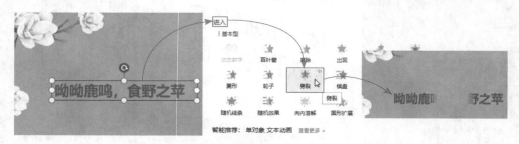

图 11-1

为对象添加进入动画效果后，在"动画"选项卡中单击"自定义动画"按钮，在打开的"自定义动画"窗格中，可以对动画的开始方式、方向、速度等进行设置，如图11-2所示。

图 11-2

11.1.2 设置强调动画

为幻灯片中的对象添加强调动画，可以突出显示重点对象。选择对象，打开"动画"选项卡，单击"其他"下拉按钮，在弹出的面板中选择"强调"动画选项下的一种动画效果，这里选择"彩色波纹"动画效果，即可为所选对象添加强调动画，如图11-3所示。

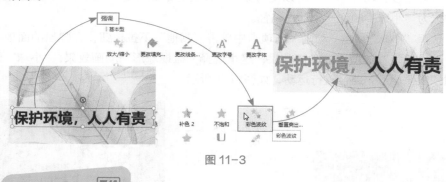

图 11-3

办公小课堂

当用户需要删除为对象添加的动画时，可以打开"自定义动画"窗格，在下方的列表框中选择动画选项，单击"删除"按钮，或者直接按【Delete】键，即可删除动画效果，如图11-4所示。

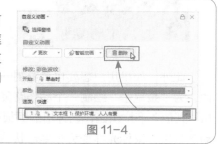

图 11-4

11.1.3　设置退出动画

退出动画是指对象从有到无、逐渐消失的过程。退出动画一般和进入动画组合使用。选择对象，打开"动画"选项卡，单击"其他"下拉按钮，在弹出的面板中选择"退出"动画选项下的动画效果，这里选择"擦除"动画效果，即可为所选对象添加退出动画，如图11-5所示。

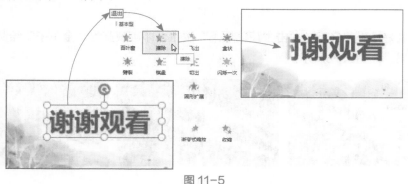

图 11-5

11.1.4 制作动作路径动画

扫一扫 看视频

为对象设置动作路径，可以使对象按照设定好的路径进行运动，例如，为"小球"制作一个动作路径。

选择"小球"，在"动画"选项卡中单击"其他"下拉按钮，在弹出的面板中选择"动作路径"选项下的动画效果，这里选择"橄榄球形"动画效果，"小球"即可按照"橄榄球形"路径进行运动，如图11-6所示。

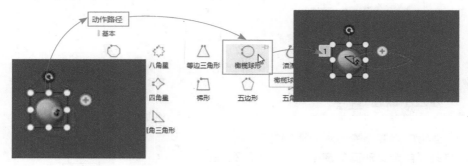

图 11-6

此外，如果用户想要自己绘制一个路径，则可以选择"自由曲线"动画效果。例如，为"金龟子"绘制一个动作路径。选择"金龟子"图片，在"动画"选项卡中单击"其他"下拉按钮，在弹出的面板中选择"绘制自定义路径"选项下的"自由曲线"动画效果，鼠标光标变为铅笔形状，按住鼠标左键不放，拖动鼠标，绘制路径，如图11-7所示。

图 11-7

绘制好动作路径后，单击"预览效果"按钮，即可预览为"金龟子"绘制的路径动画效果，如图11-8所示。

图 11-8

技巧延伸

为对象添加动画效果后，系统会自动预览动画效果。如果用户想要取消自动预览，则可以在"自定义动画"窗格中取消对"自动预览"复选框的勾选即可，如图11-9所示。

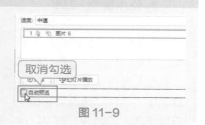

图 11-9

11.1.5 制作组合动画

用户除了为对象添加单独的动画效果外，还可以为对象添加多个动画效果，并且这些动画效果可以一起出现或先后出现。例如，为文字添加"进入"和"强调"动画。

选择文本框，在"动画"选项卡中单击"其他"下拉按钮，在弹出的面板中选择"进入"动画选项下的"飞入"动画效果，如图11-10所示。先为对象添加"进入"动画，接着单击"自定义动画"按钮，打开"自定义动画"窗格，单击"添加效果"下拉按钮，在弹出的面板中选择"强调"动画选项下的"忽明忽暗"动画效果，如图11-11所示，再为对象添加"强调"动画。

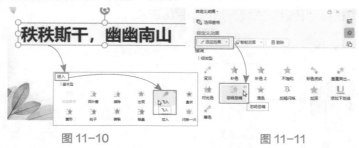

图 11-10　　　　　　　　　　　图 11-11

为对象添加"飞入"和"忽明忽暗"动画效果后，在"自定义动画"窗格中选择"飞入"动画选项，对动画的开始方式、方向、速度等进行设置，或者单击"更改"下拉按钮，将"飞入"动画效果更改为其他动画效果，如图11-12所示。同样，选择"忽明忽暗"动画选项，对动画的开始方式、速度等进行设置即可，如图11-13所示。

图 11-12　　　　　　　　　　　图 11-13

办公小课堂

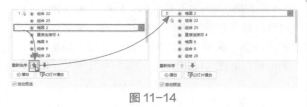

为幻灯片中的所有对象添加动画后，用户可以在"自定义动画"窗格中更改动画的播放顺序。选择动画选项，在下方单击向上的箭头，则可以向上移动动画选项，单击向下的箭头，可以向下移动动画选项，如图11-14所示。

图 11-14

11.1.6　制作触发动画

触发动画是指在单击某个特定对象后才会触发的动画，用户可以通过"触发器"来制作触发动画。例如，单击"东北虎"文本，出现相关图片。

选择图片，在"图片工具"选项卡中单击"选择窗格"按钮，打开一个窗格，在"文档中的对象"列表框中，将"图片6"的名称更改为"东北虎"，如图11-15所示。

选择"东北虎"图片，为其添加"出现"动画效果，接着单击"自定义动画"按钮，在打开的"自定义动画"窗格中选择"出现"动画选项，并单击其右侧的下拉按钮，从列表中选择"计时"选项，如图11-16所示。

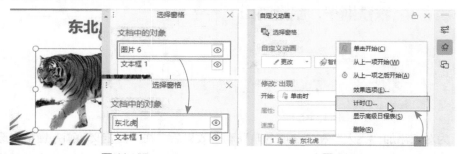

图 11-15　　　　　　　　　　　图 11-16

打开"出现"对话框，在"计时"选项卡中单击"触发器"按钮，选择"单击下列对象时启动效果"单选按钮，并在下拉列表中选择"文本框1"选项，如图11-17所示。单击"确定"按钮，即可实现单击"东北虎"文本出现"东北虎"图片的效果，如图11-18所示。

技巧延伸

用户在"计时"选项卡中，还可以设置动画的开始方式、延迟时间、速度、重复方式等。

图 11-17　　　　　　　　　　　　　图 11-18

设置幻灯片切换

WPS演示为用户提供了十几种切换效果，例如平滑、淡出、切出、擦除、形状、溶解、新闻快报、轮辐等。为幻灯片添加切换效果，可以使整个幻灯片页面动起来。

11.2.1　设置页面切换效果

为幻灯片设置切换效果，可以使各幻灯片的播放更加自然地连接。选择幻灯片，打开"切换"选项卡，单击"其他"下拉按钮，从列表中选择合适的切换效果即可，这里选择"百叶窗"效果，如图11-19所示。

扫一扫 看视频

图 11-19

办公小课堂

如果用户想要删除设置的页面切换效果，则可以在"切换"列表中选择"无切换"选项即可。

11.2.2 设置页面切换参数

为幻灯片设置切换动画后,用户可以根据需要设置其切换动画的参数,例如,设置效果选项、切换速度和声音、切换方式等。

(1)设置效果选项

选择设置了"百叶窗"切换动画的幻灯片,在"切换"选项卡中单击"效果选项"下拉按钮,从列表中选择合适的效果即可,这里选择"垂直"选项,如图11-20所示。

图 11-20

(2)设置切换速度和声音

在"速度"数值框中单击向上或向下的箭头,设置切换效果播放的速度,并以秒为单位。单击"声音"下拉按钮,从列表中选择一种声音,可以在幻灯片切换的时候播放,如图11-21所示。

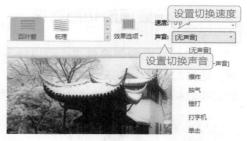

图 11-21

(3)设置切换方式

勾选"单击鼠标时换片"复选框,则单击鼠标的时候,放映下一张幻灯片。如果勾选"自动换片"复选框,则可以设置让每一张幻灯片以特定秒数为间隔,自动放映,如图11-22所示。

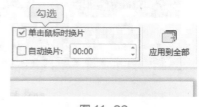

图 11-22

技巧延伸

如果用户想要将设置的页面切换效果应用到所有幻灯片上,则可以在"切换"选项卡中单击"应用到全部"按钮即可。

创建和编辑超链接

在幻灯片中添加超链接，可以使幻灯片在放映的过程中更容易掌控，用户可以链接到指定的幻灯片，也可以链接到其他文件或网页。

11.3.1　链接到指定幻灯片

扫一扫 看视频

选择需要添加超链接的对象，在"插入"选项卡中单击"超链接"按钮，打开"插入超链接"对话框，在"链接到"选项中选择"本文档中的位置"选项，然后在"请选择文档中的位置"列表框中选择需要链接到的幻灯片，这里选择"幻灯片4"，单击"确定"按钮，如图11-23所示，即可将所选对象链接到指定"幻灯片4"。

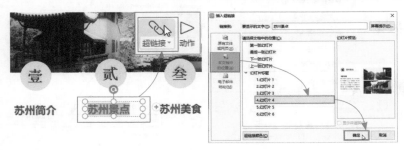

图 11-23

11.3.2　链接到其他文件

用户不仅可以链接到指定幻灯片，还可以链接到其他文件。选择对象，打开"插入超链接"对话框，在"链接到"选项中选择"原有文件或网页"选项，然后单击右侧的"浏览文件"按钮，打开"打开文件"对话框，从中选择需要链接的文件，如图11-24所示。单击"打开"按钮，可以链接到一个文档文件。

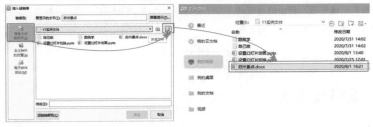

图 11-24

技巧延伸

当用户需要删除超链接时，可以选择设置了超链接的对象，单击鼠标右键，从弹出的快捷菜单中选择"超链接"选项，并从其级联菜单中选择"取消超链接"命令即可，如图11-25所示。

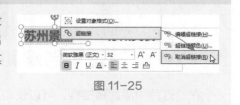

图 11-25

11.3.3 链接到网页

为了扩大信息范围，用户可以将对象链接到网页。选择对象，单击鼠标右键，从弹出的快捷菜单中选择"超链接"命令，打开"插入超链接"对话框，在"链接到"选项中选择"原有文件或网页"选项，然后在"地址"文本框中直接输入网址，单击"确定"按钮即可，如图11-26所示。

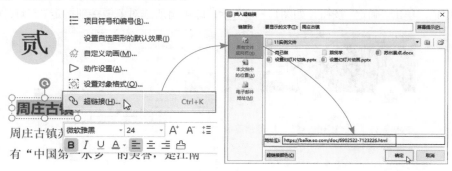

图 11-26

用户按F5键放映幻灯片，单击设置了超链接的对象，即可链接到相关网页，如图11-27所示。

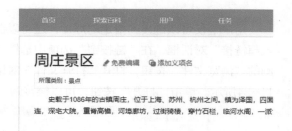

图 11-27

11.3.4 编辑超链接

为对象添加超链接后，用户可以根据需要对超链接进行编辑，例如，设置屏幕提示、超链接颜色等。

（1）设置屏幕提示

选择设置了超链接的对象，单击鼠标右键，从弹出的快捷菜单中选择"超链接"选项，并从其级联菜单中选择"编辑超链接"命令，如图11-28所示。打开"编辑超链接"对话框，单击"屏幕提示"按钮，打开"设置超链接屏幕提示"对话框，在"屏幕提示文字"文本框中输入提示内容，单击"确定"按钮即可，如图11-29所示。

图 11-28　　　　　　　　　　　　　　　　　　图 11-29

用户放映幻灯片时，将鼠标指向添加超链接的对象时，在下方将会出现提示文字，如图11-30所示。

图 11-30

（2）设置超链接颜色

为文本设置超链接后，文本的字体颜色会变成蓝色，并且添加了下划线。访问超链接后，文本的字体颜色变成砖红色，如图11-31所示。

如果用户想要设置超链接的颜色，则可以选择对象，单击鼠标右键，从弹出的快捷菜单中选择"超链接"选项，并从其级联菜单中选择"超链接颜色"命令，打开"超链接颜色"对话框，从中可以设置"超链接颜色"和"已访问超链接颜色"，并且还可以设置超链接是否有下划线，单击"应用到当前"或"应用到全部"按钮即可，如图11-32所示。

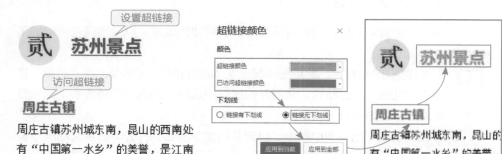

图 11-31　　　　　　　　　　　　　　　　　　图 11-32

11.3.5　添加动作按钮

用户可以为幻灯片添加动作按钮，通过单击该按钮，可以快速返回首页或上一页。选择幻灯片，在"插入"选项卡中单击"形状"下拉按钮，从列表中选择"动作按钮：第一张"选项，鼠标光标变为十字形，按住鼠标左键不放，拖动鼠标，绘制动作按钮，绘制好后弹出一个"动作设置"对话框，在"鼠标单击"选项卡中设置单击鼠标时的动作或播放声音，单击"确定"按钮，如图11-33所示。

图 11-33

此时，放映幻灯片，用户单击动作按钮，即可返回第一张幻灯片。

为病毒防护指南演示文稿设置动画

前面介绍了如何制作一个演示文稿，但在放映时，为了增加趣味性和吸引力，需要为幻灯片设置动画。下面就利用本章所学知识点，为病毒防护指南演示文稿设置动画。

（1）添加封面页动画

在制作封面页动画时，用户可适当添加吸精动画效果，以便加深观众们的第一印象。

步骤 01 选择第1张幻灯片，然后选择标题文本所在的3个文本框，在"动画"选项卡中单击"其他"下拉按钮，从展开的面板中选择"进入"动画选项下的"百叶窗"动画效果，如图11-34所示。

步骤 02 在"动画"选项卡中单击"自定义动画"按钮，打开"自定义动画"窗格，将动画的开始方式设置为"之前"，将方向设置为"垂直"，将速度设置为

"非常快"，如图11-35所示。

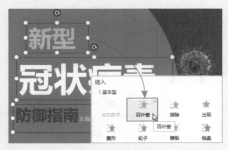
图 11-34

图 11-35

步骤 03 选择图片，为其添加"强调"动画选项下的"忽明忽暗"动画效果，打开"自定义动画"窗格，将"开始"设置为"之后"，将"速度"设置为"非常快"，如图11-36所示。

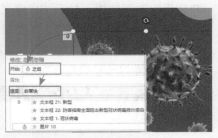
图 11-36

（2）添加内容页动画

内容页动画尽量以平缓的动画效果来展现。内容页中不是所有元素都要添加动画，这需要根据具体内容来设定。

步骤 01 在第2张幻灯片中选择"目录"文本框，为其添加"进入"动画选项下的"擦除"动画效果，打开"自定义动画"窗格，将"开始"设置为"之前"，将方向设置为"自左侧"，将速度设置为"非常快"，如图11-37所示。

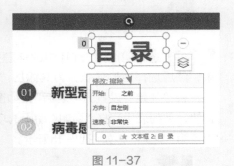
图 11-37

步骤 02 选择组合图形，为其添加"进入"动画选项下的"轮子"动画效果，打开"自定义动画"窗格，将开始设置为"之后"，将速度设置为"非常快"，如图11-38所示。

步骤 03 选择标题文本框，为其添加"擦除"动画效果，打开"自定义动画"窗格，将开始设置为"之后"，将方向设置为"自左侧"，将速度设置为"非常快"，如图11-39所示。按照同样的方法，为其他组合图形和标题文本设置

"轮子"和"擦除"动画效果。

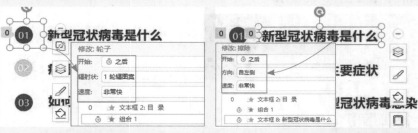

图 11-38　　　　　　　　　　　　图 11-39

步骤 04 在第3张幻灯片中选择标题文本框，为其添加"强调"动画选项下的"跷跷板"动画效果，打开"自定义动画"窗格，将"开始"设置为"之前"，将"速度"设置为"快速"，如图11-40所示。

步骤 05 选择内容所在文本框，为其添加"进入"动画选项下的"颜色打字机"动画效果，并将"开始"设置为"之后"，将"速度"设置为"0.08秒"，如图11-41所示。

图 11-40　　　　　　　　　　　　图 11-41

步骤 06 选择第4张幻灯片中的标题文本框，同样为其添加"跷跷板"动画效果，然后选择矩形形状，为其添加"出现"动画效果，打开"自定义动画"窗格，将"开始"设置为"之后"，如图11-42所示。接着单击"添加效果"下拉按钮，从列表中选择"强调"动画选项下的"忽明忽暗"动画效果，并将"开始"设置为"之后"，如图11-43所示。

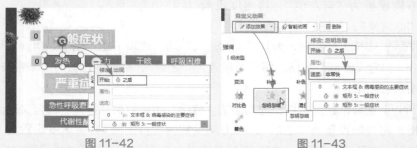

图 11-42　　　　　　　　　　　　图 11-43

步骤 07 选择下方的矩形，为其添加"擦除"动画效果，并将"开始"设置为

"之后"，将"方向"设置为"自左侧"，将"速度"设置为"非常快"，如图 11-44所示。按照同样的方法，为其他矩形设置"擦除"动画。

步骤 08 选择第5张幻灯片中的标题文本框，为其添加"跷跷板"动画效果，然后选择下方的小标题文本，为其添加"飞入"动画效果，并将"开始"设置为"之后"，将"方向"设置为"自左侧"，将"速度"设置为"非常快"，如图11-45所示。

图 11-44

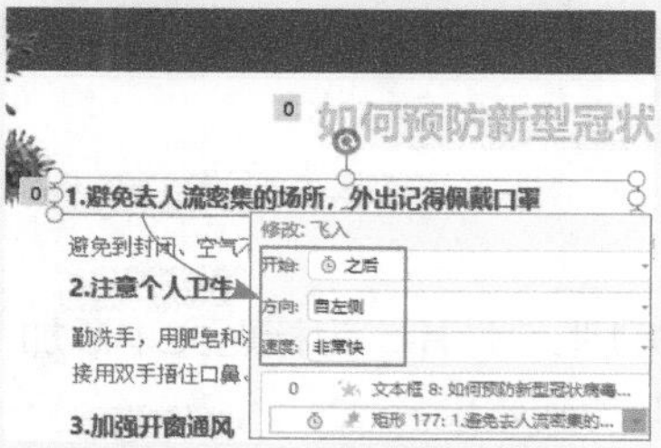

图 11-45

步骤 09 选择正文内容，为其添加"颜色打字机"动画效果，并将"开始"设置为"之后"，如图 11-46 所示。按照同样的方法，为其他文本设置"飞入"和"颜色打字机"动画效果。

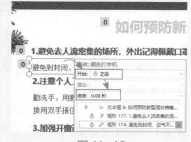

图 11-46

（3）制作结尾页动画

选择第6张幻灯片，然后选择标题文本所在的2个文本框，为其添加"飞入"动画效果，选择上方的文本框，将"开始"设置为"之前"，将"方向"设置为"自左侧"，然后选择下方的文本框，将"开始"设置为"之前"，将"方向"设置为"自右侧"，如图11-47所示。

至此，完成病毒防护指南演示文稿动画的添加操作，部分动画效果如图11-48、图11-49所示。

图 11-47

图 11-48

图 11-49

为诗词鉴赏演示文稿添加动画

通过对前面知识点的学习，相信大家已经掌握了幻灯片动画的设置，下面就综合利用所学知识点为诗词鉴赏演示文稿添加动画，如图11-50所示。

操作提示

❶ 选择第1张幻灯片，为标题文本添加"百叶窗"动画效果，为组合图形添加"忽明忽暗"动画效果。

❷ 选择第2张幻灯片，为"目录"文本添加"擦除"动画效果，为"壹"所在文本框添加"擦除"动画效果，为标题添加"飞入"动画效果，为矩形添加"出现"和"忽明忽暗"动画效果。

❸ 选择第3张幻灯片，为标题添加"飞入"动画效果，为诗词正文添加"颜色打字机"动画效果。按照同样的方法为第4、5张幻灯片中的标题和正文添加"飞入"和"颜色打字机"动画效果。

❹ 选择第6张幻灯片，为标题添加"劈裂"动画效果。

❺ 为第1张幻灯片添加"推出"切换效果，并将该切换效果应用到所有幻灯片。

图 11-50

第12章
放映前的
准备

　　演示文稿制作完成后，需要在合适的场合将其放映出来。在放映之前，用户需要对演示文稿的放映进行适当的设置，也可以根据需要将演示文稿输出为其他格式。本章将对幻灯片的放映和输出等进行详细介绍。

放映幻灯片

放映幻灯片之前，用户可以根据需要设置幻灯片的播放范围、放映类型，或者控制幻灯片的放映。

12.1.1 设置播放范围

扫一扫 看视频

当用户不需要放映全部的幻灯片时，可以根据实际情况设置播放范围。在"幻灯片放映"选项卡中单击"设置放映方式"按钮，打开"设置放映方式"对话框，在"放映幻灯片"选项中，选中"从…到…"单选按钮，并在右侧数值框中输入数字，可以播放用户设置范围内的幻灯片，如图12-1所示。

图 12-1

技巧延伸

勾选"循环放映，按【ESC】键终止"复选框，可以循环播放幻灯片，直到按【ESC】键退出放映模式。

12.1.2 设置放映类型

用户可以将演示文稿设置为"演讲者放映（全屏幕）"和"展台自动循环放映（全屏幕）"这2种放映类型。只需要打开"设置放映方式"对话框，在"放映类型"选项中选择合适的类型即可，如图12-2所示。

●演讲者放映（全屏幕）：以全屏幕方式放映演示文稿，演讲者可以完全控制演示文稿的放映。

●展台自动循环放映（全屏幕）：在该模式下，不需要专人控制即可自动放映演示文稿。不能单击鼠标手动放映幻灯片，但可以通过动作按钮、超链接进行切换。

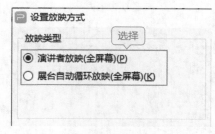

图 12-2

12.1.3　设置排练计时

为幻灯片设置排练计时，可以记录每张幻灯片放映所使用的时间，保存后用于自动放映。在"幻灯片放映"选项卡中单击"排练计时"下拉按钮，在列表中可以根据需要选择排练全部幻灯片和排练当前幻灯片，这里选择"排练全部"选项，如图12-3所示。进入自动放映模式，在幻灯片左上角会出现"预演"工具栏，中间时间代表当前幻灯片放映所需时间，右边时间代表放映所有幻灯片累计所需时间，如图12-4所示。根据实际需要设置每张幻灯片的播放时间，设置好后会弹出一个对话框，单击"是"按钮，如图12-5所示，即可保留幻灯片排练时间。

图 12-3　　　　　　图 12-4　　　　　　　图 12-5

保留排练时间后，自动进入"幻灯片浏览"视图，在每张幻灯片的下方显示幻灯片放映所需的时间，如图12-6所示。

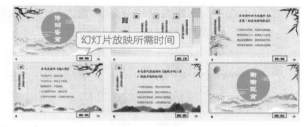

图 12-6

办公小课堂

如果用户想要删除排练计时，则需要打开"切换"选项卡，取消对"自动换片"复选框的勾选，然后单击"应用到全部"按钮即可，如图12-7所示。

图 12-7

12.1.4　设置自定义放映

扫一扫 看视频

若用户想要放映演示文稿内指定的几张幻灯片，例如放映第3、4、5张幻灯片，则可以设置自定义放映。在"幻灯片放映"选项卡中，单击"自定义放映"按钮，打开"自定义放映"对话框，从中单击"新建"按钮，如图12-8所示。打开"定义自定义放映"对话框，在"幻灯片放映名称"文本框中输入名称，然后在

"在演示文稿中的幻灯片"列表框中选择需要放映的幻灯片，这里选择"幻灯片3"，单击"添加"按钮，将其添加到"在自定义放映中的幻灯片"列表框中，如图12-9所示。

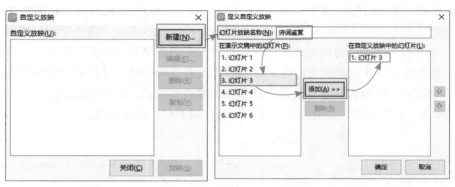

图 12-8　　　　　　　　　　　图 12-9

按照同样的方法，将"幻灯片4"和"幻灯片5"添加到"在自定义放映中的幻灯片"列表框中，单击"确定"按钮，如图12-10所示。返回"自定义放映"对话框，在"自定义放映"列表框中显示设置的幻灯片放映名称，单击"放映"按钮，如图12-11所示，即可放映第3、4、5张幻灯片。

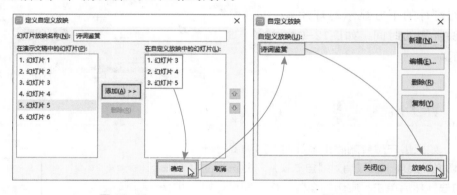

图 12-10　　　　　　　　　　　图 12-11

办公小课堂

当用户想要删除设置的自定义放映时，需要打开"自定义放映"对话框，在"自定义放映"列表框中选择幻灯片放映名称，然后单击"删除"按钮即可，如图12-12所示。

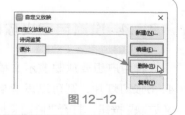

图 12-12

12.2
输出演示文稿

放映演示文稿后，用户可以根据需要将演示文稿进行输出，例如输出为图片、视频、文字文档等，并进行打印。

12.2.1　将幻灯片输出成图片

扫一扫 看视频

如果用户需要将幻灯片输出为图片格式，则可以单击"文件"按钮，从弹出的列表中选择"输出为图片"选项，如图12-13所示。打开"输出为图片"窗格，从中设置"输出方式""水印设置""输出页数""输出格式""输出品质""输出目录"等，但只有开通会员后，才可以输出无水印、自定义水印以及高清品质的图片。单击"输出"按钮，开始输出，输出成功后会弹出一个窗格，单击"打开"或"打开文件夹"按钮，进行浏览即可，如图12-14所示。

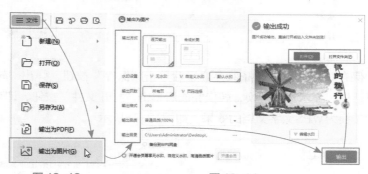

图 12-13　　　　　　　　　　图 12-14

12.2.2　将幻灯片输出成视频

用户可以将幻灯片输出为视频格式，以视频的形式放映出来。单击"文件"按钮，从列表中选择"另存为"选项，并从其级联菜单中选择"输出为视频"选项，

图 12-15　　　　　　　　　　图 12-16

如图12-15所示。打开"另存为"对话框，设置视频的保存位置，单击"保存"按钮，

开始输出，视频输出完成后弹出一个窗格，单击"打开视频"或"打开所在文件夹"
按钮，浏览视频即可，如图12-16所示。

12.2.3　将幻灯片输出为文字文档

WPS演示还具有将幻灯片转为文字文档的功能，单击"文件"按钮，从列表中
选择"另存为"选项，并从其级联菜单中选择"转为WPS文字文档"选项，打开"转
为WPS文字文档"对话框，在该对话框中设置"选择幻灯片""转换后版式"和"转
换内容包括"选项，单击"确定"按钮，如图12-17所示。

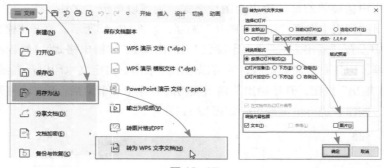

图 12-17

打开"保存"对话框，选择保存位置后单击"保存"按钮，弹出"转为WPS文
字文档"对话框，显示正在转换，转换完成后单击"打开文件"按钮，即可查看将全
部的幻灯片转换为WPS文字文档的效果，如图12-18所示。

图 12-18

技巧延伸

在"文件"列表中选择"另存为"选项，并从其级联菜单中选择"WPS演示模
板文件"选项，可以将演示文稿保存为模板文件。

12.2.4 打印幻灯片

演示文稿制作完成后，用户可以将其打印出来以供其他场合使用。单击"文件"按钮，从列表中选择"打印"选项，并从其级联菜单中选择"打印预览"选项，进入"打印预览"界面，在该界面上方设置"打印内容""打印机""纸张类型""份数""方式""顺序"等，设置好后单击"直接打印"按钮进行打印即可，如图12-19所示。

图 12-19

跟我学　放映并输出野生动物保护宣传演示文稿

放映演示文稿时，用户可以对幻灯片中的重点内容进行标注，并且根据需要输出演示文稿。下面就利用本章所学知识点，放映并输出野生动物保护宣传演示文稿。

步骤 01 选择任意幻灯片，在"幻灯片放映"选项卡中单击"从头开始"按钮，或按【F5】键，即可从第一张幻灯片开始放映，如图12-20所示。

步骤 02 选择幻灯片，在"幻灯片放映"选项卡中单击"从当前开始"按钮，或按【Shift+F5】组合键，即可从当前幻灯片开始放映，如图12-21所示。

图 12-20　　　　　　　　　图 12-21

步骤 03 放映幻灯片后，在幻灯片页面单击鼠标右键，从弹出的快捷菜单中选择"指针选项"命令，并从其级联菜单中选择"荧光笔"选项，如图12-22所示。

步骤 04 在幻灯片页面按住鼠标左键不放，拖动鼠标，标记重点内容，如图12-23所示。标记完成后按【Esc】键退出。

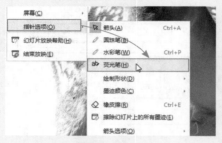

图 12-22

图 12-23

步骤 05 放映结束后会弹出一个对话框，询问用户是否保留墨迹注释，单击"保留"按钮，则保留墨迹注释；单击"放弃"按钮，则清除墨迹注释。这里单击"保留"按钮即可，如图12-24所示。

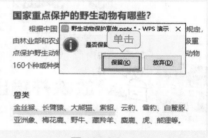

图 12-24

步骤 06 单击"文件"按钮，从列表中选择"输出为PDF"选项，打开"输出为PDF"窗格，从中设置"输出范围""输出设置"和"保存目录"，单击"开始输出"按钮，输出好后会在"状态"栏中显示"输出成功"字样，单击"打开文件"按钮，如图12-25所示，即可查看将幻灯片输出为PDF的效果。

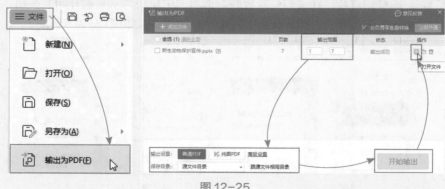

图 12-25

放映企业简介演示文稿

通过对前面知识点的学习，相信大家已经掌握了幻灯片的放映和输出，下面就综合利用所学知识点放映企业简介演示文稿，如图12-26所示。

操作提示

1 为演示文稿设置排练计时。
2 将演示文稿输出为视频格式。
3 打印演示文稿。

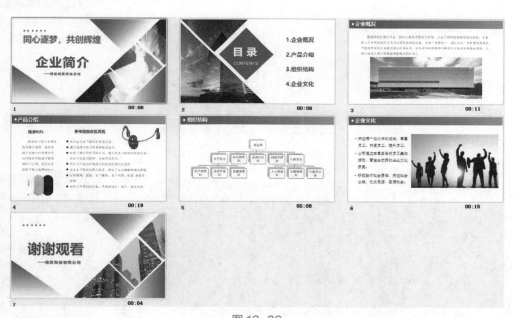

图12-26

WPS 其他
组件应用篇

第13章

阅读文档利
器——PDF

PDF是一款便捷的电子文档格式，使用PDF电子文档，
不仅方便浏览阅读文件，而且还可以防止他人随意更改文
件内容。在WPS PDF阅读器中，用户可以对文件内容进行
简单编辑，例如为PDF文件添加注释、设置加密等。本章将
对WPS PDF阅读器的应用进行详细介绍。

认识WPS PDF阅读器

WPS PDF阅读器其实就是WPS Office软件自带的金山PDF阅读器。它是一款功能强大、操作简单的PDF编辑器。可以为用户提供沉浸式的PDF阅读体验以及稳定可靠的PDF编辑和转换服务。其支持一键编辑，支持多种浏览模式，启动迅速，简单易用。它能够快速修改PDF文档内容，并支持PDF文档和docx/pptx/xlsx /txt/图片等多种文档格式的转换。

用户打开WPS Office软件后，在"首页"界面单击"新建"按钮，进入"新建"界面，在界面上方选择"PDF"选项，在该选项中可以新建PDF或打开PDF文件，如图13-1所示。

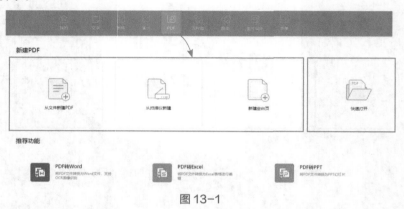

图 13-1

技巧延伸

用户除了选择金山PDF阅读器外，还可以下载安装文电通PDF阅读器、嗨格式PDF阅读器、迅捷PDF阅读器、极速PDF阅读器等。这些阅读器都很好用，其中的功能都差不多，都以轻便、小巧、操作简单、易上手著称。

WPS PDF阅读器的应用

使用WPS PDF阅读器打开PDF文件后，用户可以在PDF阅读器中调整PDF视图模式、为PDF文件添加注释、为PDF文件设置加密等。

13.2.1 将文档转换成PDF文件

扫一扫 看视频

用户可以使用WPS软件，将文档转换成PDF文件。打开一个文档，单击"文件"按钮，从列表中选择"输出为PDF"选项，打开"输出为PDF"窗格，将"输出设置"选项设置为"普通PDF"，并设置"保存目录"，单击"开始输出"按钮，输出成功后会在"状态"栏显示"输出成功"字样，如图13-2所示。这样就可以将文档输出为一个PDF文件。

图 13-2

13.2.2 打开并浏览PDF文件

当用户需要打开一个PDF文件时，可以在"新建"界面选择"PDF"选项，并在下方单击"快速打开"选项，弹出"打开"对话框，从中选择PDF文件，单击"打开"按钮，如图13-3所示，即可在PDF阅读器中打开PDF文件。

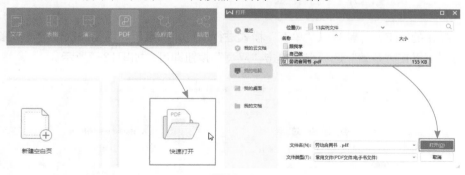

图 13-3

办公小课堂

安装WPS Office软件后，系统会将所有PDF文件图标自动转换为它自带的阅读器图标。双击该图标即可启动PDF阅读器，并打开PDF文件，如图13-4所示。

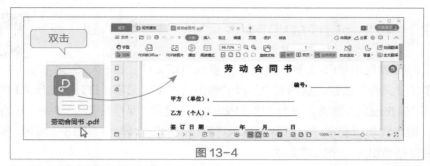

图 13-4

打开PDF文件后，用户可以滚动鼠标滚轮来浏览文件所有内容，如图13-5所示；或者在PDF阅读器左侧单击"手型"按钮，鼠标光标变为"小手"形状，按住鼠标左键不放，拖动视图页面来浏览文件内容，如图13-6所示。

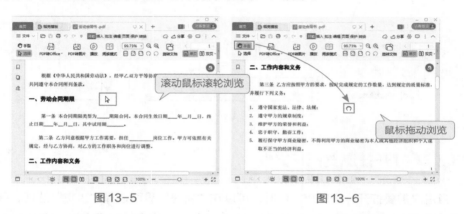

图 13-5   图 13-6

13.2.3 调整PDF视图模式

打开的PDF文件默认以"单页"模式进行浏览，如果用户需要一次性浏览多张页面，则可以在"开始"选项卡中单击"双页"按钮即可，如图13-7所示。

图 13-7

此外，若用户想要选择更简洁、专注的阅读方式，则可以在"开始"选项卡中单击"阅读模式"按钮即可，如图13-8所示。在阅读模式页面单击鼠标右键，从弹出的快捷菜单中选择"退出阅读模式"命令，如图13-9所示，即可退出阅读模式。

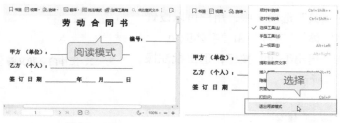

图 13-8　　　　　　　　图 13-9

技巧延伸

　　用户还可以根据页面情况对PDF文件进行旋转显示，以达到最佳的显示状态。在"开始"选项卡中单击"旋转文档"按钮，即可对当前的PDF文件进行旋转操作。

13.2.4　在PDF文件中添加注释

　　在浏览PDF文件的过程中，如果需要对文件中的某些内容添加注释信息，则可以在"批注"选项卡中进行操作。

　　在"批注"选项卡中单击"批注模式"按钮，启用该模式。选择需要注释的文字，单击"高亮"按钮，如图13-10所示。在页面右侧出现一个批注框，在批注框中输入注释内容即可，如图13-11所示。

扫一扫 看视频

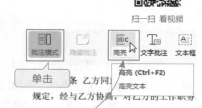

图 13-10

图 13-11

　　此外，用户也可以在"批注"选项卡中单击"高亮"按钮，然后在文件中选择要注释的内容，此时该内容会高亮凸显出来，如图13-12所示。

图 13-12　　　　　　图 13-13

单击"文字批注"按钮，然后在指定位置单击鼠标，添加一个文本框，在其中输入注释内容即可，如图13-13所示。

在"批注工具"选项卡中，用户可以设置批注文本的"字体""字号"和"字体颜色"，设置好后单击"退出编辑"按钮，退出批注操作，如图13-14所示。

图 13-14

办公小课堂

如果用户想要取消文本的高亮显示，则需要在文本上方单击鼠标右键，从弹出的快捷菜单中选择"删除"命令即可，如图13-15所示。

用户选择批注文本框，直接按【Delete】键，可以将批注删除。

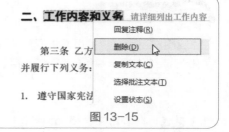

图 13-15

13.2.5 设置PDF文件加密

在WPS PDF阅读器中，用户可以对PDF文件进行复制、注释、打印等操作，如果用户想要禁止这些操作，则可以为PDF文件设置加密。打开"保护"选项卡，单击"文档加密"按钮，弹出"加密"窗格，从中勾选"设置编辑及页面提取密码"复选框，并在"密码"文本框中输入设置的密码，然后确认密码，在"同时对以下功能加密"选项中勾选需要加密的操作选项，这里勾选"打印""复制"和"注释"复选框，单击"确认"按钮，如图13-16所示。保存PDF文件后，当用户对文件中的内容进行复制、注释、打印操作时，会弹出一个"输入权限密码"对话框，只有输入设置的密码才能进行上述操作，如图13-17所示。

图 13-16   图 13-17

技巧延伸

用户也可以为PDF文件设置一个打开密码，只有输入密码后，才能打开该PDF文件。只需要在"加密"窗格中勾选"设置打开密码"复选框，然后输入并确认密码，确认后保存PDF文件即可。

将PDF文件转换成Word文档

　　在工作中，有时需要将一个PDF文件转换成文档格式，方便对文档内容进行更多编辑操作。下面就利用本章所学知识点，将PDF文件转换成Word文档。

步骤01 打开一个PDF文件，在"转换"选项卡中单击"PDF转Word"按钮，如图13-18所示。

步骤02 弹出"金山PDF转Word"窗格，将"输出格式"设置为"docx"，并设置"输出目录"，单击"开始转换"按钮，如图13-19所示，即可将PDF文件转换成文档格式。

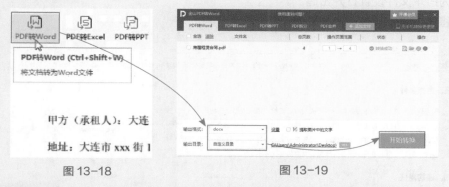

图 13-18　　　　　　　　　　　　　　图 13-19

步骤03 使用金山PDF转Word，用户只能完成5页以内（含5页）的PDF转换，升级会员后才可以进行5页以上的转换。

　　至此，完成文档的转换操作，效果如图13-20所示。

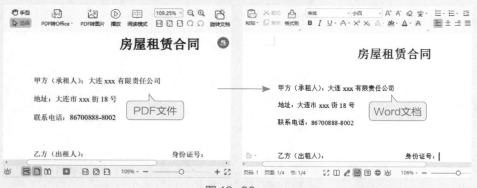

图 13-20

对PDF文件进行编辑

通过对前面知识点的学习，相信大家已经掌握了PDF文件的浏览和简单编辑操作，下面就综合利用所学知识点对PDF文件进行编辑，效果如图13-21所示。

操作提示

❶ 打开"商务合作协议书"PDF文件，并在文件中添加注释。

❷ 为PDF文件设置打开密码。

❸ 将PDF文件转换成文档格式。

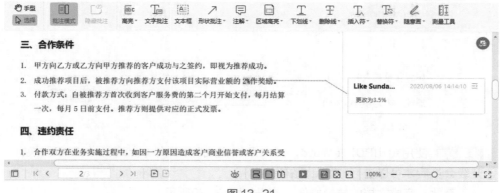

图13-21

第14章

千言万语不如一
张图——流程图

在日常生活中经常会见到各种流程图，例如业务流程
图、招聘流程图、采购流程图、发货流程图等，使用流程
图可以直观、清晰地描述一个工作过程的具体步骤。本章
将对流程图的作用、优势、画法、保存和导出等进行详细
介绍。

流程图的作用和优势

在制作流程图之前，用户需要了解什么是流程图以及流程图的作用和使用流程图的优势。

14.1.1 什么是流程图

　　流程图是对过程、算法、流程的一种图像表示。顾名思义，就是用来直观地描述一个工作过程的具体步骤。这种过程既可以是生产线上的工艺流程，也可以是完成一项任务所必需的管理过程。这些过程的各个阶段均用图形块表示，不同图形块之间

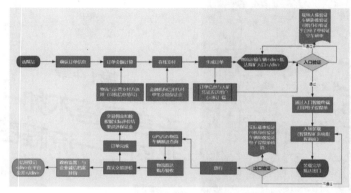

图 14-1

以箭头相连，代表它们在系统内的流动方向。流程图使用一些标准符号代表某些类型的动作，例如决策用菱形框表示，具体活动用方框表示。但更重要的是必须清楚地描述工作过程的顺序，如图14-1所示。

14.1.2 流程图的作用

　　流程图在日常办公中应用非常广泛，并在工作中起到了很大的作用，具体如下：
　　●将工作过程的复杂性、有问题的地方、重复部分、多余环节以及可以简化和标准化的地方全部显示出来。
　　●将实际和想象的流程进行比较和对照，以便寻求改进的机会。
　　●统一描述了项目的工作步骤。
　　●便于检查工作进展的情况。

14.1.3 流程图的优势

　　流程图与其他形式的过程展示相比，具有以下几点优势：

● 帮助查漏补缺，避免功能流程、逻辑上出现遗漏，确保流程的完整性。

● 流程图能让思路更清晰、逻辑更清楚，有助于程序的逻辑实现和有效解决实际问题。

办公小课堂 💻

流程图的缺点：所占篇幅较大，由于允许使用流程线，过于灵活，不受约束，使用者可使流程任意转向，从而造成程序阅读和修改上的困难，不利于结构化程序的设计。

14.1.4 流程图的常用图形符号

流程图有一套标准的符号，每个符号代表特定的含义。其中，常用的图形符号包括：流程、判定、开始/结束、文档、子流程、页面内引用等，如表14-1所示。

表14-1

图形符号	名称	定义
⬭	页面内引用	表示流程图之间的接口
▭	流程	表示具体某一个步骤或者操作
⬭	开始 / 结束	表示流程图的"开始"与"结束"
◇	判定	表示问题判断或判定（审核 / 审批 / 评审）环节
⬭	文档	表示输入或者输出的文件
▭	子流程	表示决定下一个步骤的一个子进程

14.2
流程图的画法

WPS Office软件中自带"流程图"功能，操作简单、方便，用户可以轻松绘制需要的流程图。

14.2.1 新建空白图

用户在制作流程图之前，需要新建一个空白图，在空白图上进行绘制。启动 WPS Office软件，在"首页"界面单击"新建"按钮，进入"新建"界面，在该界面上方选择"流程图"选项，并在下方单击"新建空白图"选项，即可新建一个空白图，如图14-2所示。

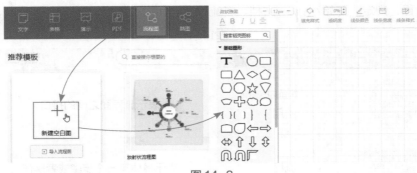

图 14-2

14.2.2 设置页面尺寸

新建空白图后，空白图页面大小默认为：A4（1050×1500）。用户可以根据需要设置页面尺寸。在"页面"选项卡中单击"页面大小""按钮，从弹出的列表中选择合适的页面大小即可，如图14-3所示；或者在"页面大小"右侧的数值框中设置页面的宽度和高度。

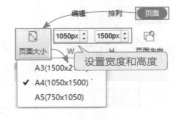

图 14-3

> **技巧延伸**
>
> 在"页面"选项卡中单击"背景颜色"按钮，从列表中选择合适的颜色，如图14-4所示。可以为空白图页面设置背景颜色。单击"页面方向"按钮，可以将

页面设置为"横向"或"竖向",如图14-5所示。单击"内边距"按钮,可以设置页面内边距,如图14-6所示。单击"网格大小"按钮,可以将页面网格设置为"无""小""正常""大""很大",如图14-7所示。

图 14-4　　　　图 14-5　　　　图 14-6　　　　图 14-7

14.2.3　创建基本图形

流程图由一些图形符号组成,制作流程图需要先创建图形符号。空白图页面左侧内置了"基础图形""Flowchart流程图"和"泳池/泳道"3种类型的图形符号。如果用户需要创建基础图形,则可以将鼠标光标放在图形上方,然后按住鼠标左键不放,将图形拖至右侧空白页面,释放鼠标,即可创建一个所选基础图形,如图14-8所示。

扫一扫 看视频

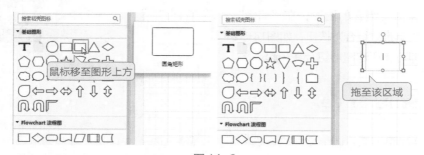

图 14-8

选择创建的图形,将鼠标光标移至图形周围任意圆形控制点上,鼠标光标变为十字形,按住鼠标左键不放,拖动鼠标,绘制箭头,如图14-9所示。

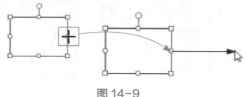

图 14-9

绘制好箭头后，弹出一个面板，在面板中选择其他基础图形，即可继续创建图形，如图14-10所示。

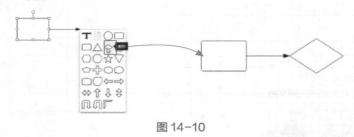

图 14-10

14.2.4 编辑图形

创建好图形后，用户可以对图形进行编辑，例如调整图形大小、组合图形等。

（1）调整图形大小

选择图形，将鼠标光标移至图形四周的小方块上，按住鼠标左键不放，拖动鼠标，即可调整图形的大小，如图14-11所示。

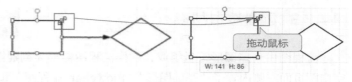

图 14-11

（2）组合图形

选择需要组合的图形，在"编辑"选项卡中单击"组合"按钮，如图14-12所示，即可将所选图形组合在一起。

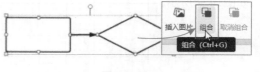

图 14-12

办公小课堂

用户可以设置图形之间的连线类型、起点类型和终点类型。选择图形之间的连线，在"编辑"选项卡中单击"连线类型"按钮，可以选择合适的连线类型。单击"起点"按钮，可以选择合适的起点类型。单击"终点"按钮，可以选择合适的终点类型，如图14-13所示。

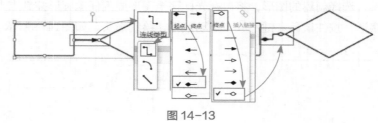

图 14-13

14.2.5 添加文字

　　用户创建一个图形符号后，光标会自动插入到图形符号中，用户直接输入文字内容即可，如图14-14所示。

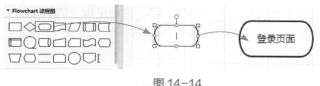

图 14-14

　　此外，用户也可以选择图形，单击鼠标右键，从弹出的快捷菜单中选择"编辑文本"命令，光标插入到图形中，输入文字即可，如图14-15所示。

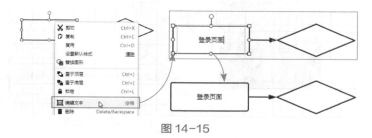

图 14-15

技巧延伸

　　在图形中输入文字后，选择图形，在"编辑"选项卡中可以设置文字的字体、字号、字体颜色、字形等，如图14-16所示。

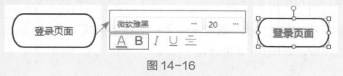

图 14-16

14.2.6 美化流程图

扫一扫 看视频

　　制作好流程图后，为了使其看起来更加美观，用户可以对流程图进行美化，例如设置图形符号填充样式、线条颜色、线条宽度和线条样式。

（1）设置图形符号填充样式

　　选择图形符号，在"编辑"选项卡中单击"填充样式"按钮，从展开的面板中选择合适的

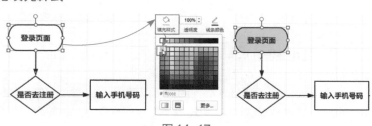

图 14-17

颜色，即可为图形符号设置填充颜色，如图14-17所示。

（2）设置图形符号线条颜色

选择图形符号，在"编辑"选项卡中单击"线条颜色"按钮，从展开的面板中选择合适的颜色即可，如图14-18所示。

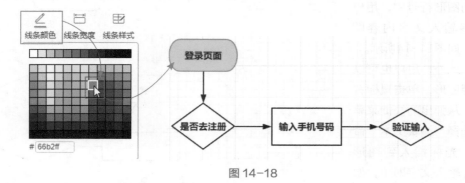

图14-18

（3）设置图形符号线条宽度

选择图形符号，在"编辑"选项卡中单击"线条宽度"按钮，从展开的面板中选择需要的线条宽度即可，如图14-19所示。

（4）设置图形符号线条样式

选择图形符号，在"编辑"选项卡中单击"线条样式"按钮，从展开的面板中选择合适的样式即可，如图14-20所示。

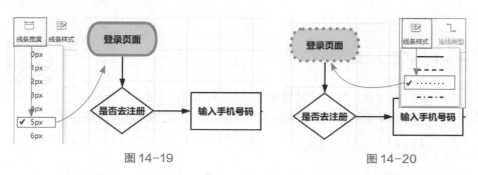

图14-19　　　　　　　　　　　　　　　图14-20

办公小课堂

为图形符号设置样式后，用户可以使用"格式刷"功能，将样式应用到其他图形符号上。选择图形符号，单击"格式刷"按钮，然后选择其他图形符号，即可将样式复制到其他图形符号上，如图14-21所示。

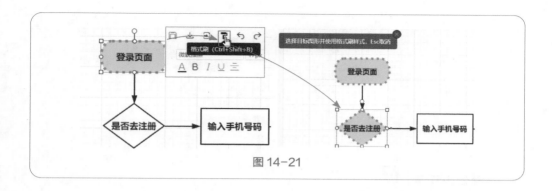

图 14-21

14.3
保存和导出流程图

在空白图上制作好流程图后，用户可以根据需要将流程图保存至云文档或者将其导出为其他格式。

14.3.1 保存流程图

对流程图进行保存时，默认将其保存至云文档。在保存之前，用户需要对流程图进行重命名，方便在云文档中查找该文件。在空白图页面上方单击"文件"按钮，从弹出的列表中选择"重命名"选项，打开"重命名"对话框，在文本框中重新输入名称，单击"确定"按钮即可，如图14-22所示。接着单击"保存至云文档"按钮，将流程图保存到WPS云文档中，如图14-23所示。

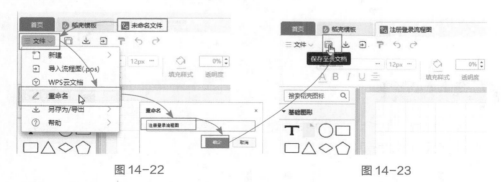

图 14-22   图 14-23

用户再次打开WPS Office软件，在"首页"界面单击"文档"按钮，并在右侧选择"我的云文档"选项，在其右侧双击保存的流程图，如图14-24所示，即可将该流程图打开。

图 14-24

其实，用户在空白图中制作流程图时，系统会实时地将流程图保存到云文档中。

14.3.2 导出流程图

用户可以将流程图导出为.png、.jpg、.pdf等格式。单击"文件"

扫一扫 看视频

按钮，从弹出的列表中选择"另存为/导出"选项，在其级联菜单中可以选择将流程图导出为"PNG图片""JPG图片""PDF文件"，这里选择"PNG图片"选项，打开"另存为"对话框，选择保存位置后单击"保存"按钮即可，如图14-25所示。

用户导出的流程图背景会带有水印，只有开通会员后，才可以导出无水印的流程图，并且还可以将流程图导出为"POS文件"和"SVG文件"。

图 14-25

技巧延伸

在"排列"选项卡中，用户可以设置图形符号的排列方式、图形对齐、旋转方向等，如图14-26所示。

图 14-26

制作订单跟踪流程图

　　网店售后客服人员会对订单进行跟踪，以便及时将信息反馈给客户。下面就利用本章所学知识点，制作订单跟踪流程图。

步骤 01 启动WPS Office软件，在"首页"界面单击"新建"按钮，进入"新建"界面，在上方选择"流程图"选项，并单击"新建空白图"选项，新建一个空白图，如图14-27所示。

步骤 02 打开"页面"选项卡，单击"背景颜色"按钮，从弹出的面板中选择合适的背景颜色，然后将"页面大小"设置为"A5(750×1050)"，将"页面方向"设置为"横向"，将"网格大小"设置为"无"，如图14-28所示。

图 14-27

图 14-28

步骤 03 在空白图页面左侧的"Flowchart流程图"选项中选择"开始/结束"图形符号，按住鼠标左键不放，将其拖至右侧空白页面，并在图形中输入文字，如图14-29所示。

步骤 04 将鼠标光标移至图形符号右侧的圆形控制点上，按住鼠标左键不放，拖动鼠标绘制箭头，绘制好后弹出一个面板，在其中选择"判定"选项，如图14-30所示。即可创建一个"判定"图形符号。

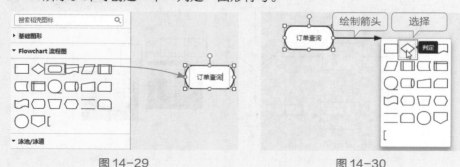

图 14-29

图 14-30

步骤 05 在"判定"图形符号中输入相关文本内容，然后绘制箭头，在弹出的面板中选择"流程"选项，创建一个"流程"图形符号，并在其中输入文本内容，如图 14-31 所示。

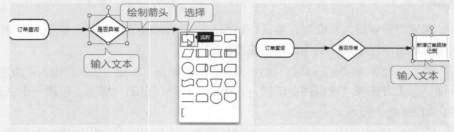

图 14-31

步骤 06 按照同样的方法，继续创建其他图形符号，并输入相关文本内容，如图 14-32 所示。在"基础图形"选项中选择"文本"选项，并将其拖至合适位置，在文本框中输入"异常"文本，如图 14-33 所示。

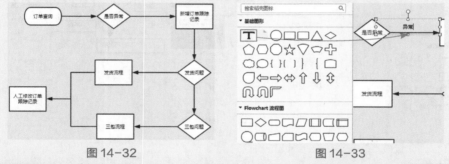

图 14-32   图 14-33

步骤 07 按照同样方法，在其他位置添加"文本"，并在文本框中输入内容，如图 14-34 所示。

步骤 08 选择"开始/结束"图形符号，在"编辑"选项卡中设置图形符号的"填充样式""透明度""线条颜色"和"线条宽度"，如图 14-35 所示。

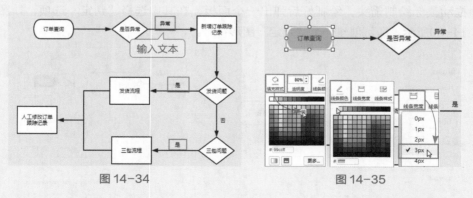

图 14-34   图 14-35

步骤 09 将图形符号中的文字字体设置为"微软雅黑",字号设置为"16px",字体颜色设置为白色,并加粗显示,如图 14-36 所示。

步骤 10 为其他图形符号设置样式,并使用"格式刷"功能,复制样式即可,最后单击"保存至云文档"按钮,将流程图保存到 WPS 云文档中,如图 14-37 所示。

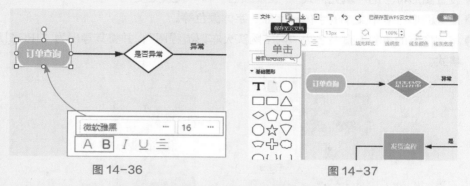

图 14-36   图 14-37

至此,订单跟踪流程图绘制完成,效果如图14-38所示。

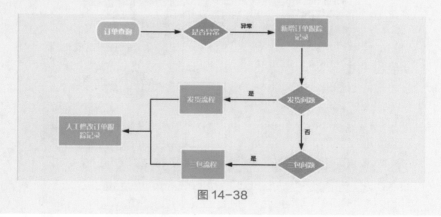

图 14-38

制作网络购买火车票流程图

通过对前面知识点的学习,相信大家已经掌握了流程图的绘制方法,下面就综合利用所学知识点制作网络购买火车票流程图,效果如图14-39所示。

操作提示

① 新建一个空白图，设置空白图页面的"背景颜色""页面大小""网格大小"。

② 在空白页面中创建"流程""判定"图形符号，并输入相关内容。

③ 设置图形符号的"填充样式""线条颜色"和"线条宽度"。

④ 设置图形符号中文本的字体、字号、字体颜色等。

⑤ 将制作好的流程图重命名为"网络购买火车票流程图"，并将其导出为"JPG图片"格式。

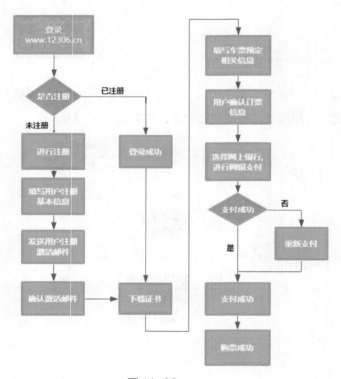

图 14-39

第15章
思维呈现的好工具——脑图

随着信息的高速发展，工作事项也在逐渐复杂化，传统的办公三件套"文字、表格、演示"已经不能满足人们的日常办公需求了。那么如何才能高效地对复杂的工作进行有序的梳理和整理呢？这时候"脑图"功能就派上了用场。

认识脑图

"脑图"可以直观地梳理复杂的工作，科学地整理知识点，帮助用户更好地处理和回顾工作。WPS脑图的基本形式如图15-1所示。

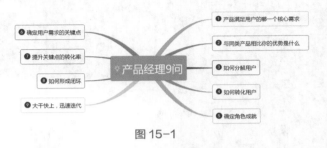

图 15-1

15.1.1 脑图和流程图的区别

很多人会将脑图和流程图弄混，认为它们是同一类图形，两者都属于思维导图。它们虽然看起来很相似，但事实上却有很大区别。

"脑图"是表达发散性思维的有效图形思维工具，它运用图文并重的技巧，把各级主题的关系用相互隶属于相关的层级图表现出来，把主题关键词与图像、颜色等建立记忆链接，如图15-2所示。

图 15-2

"流程图"是一种将思维形象化的方法，是流经一个系统的信息流、观点流或部件流的图形代表。在企业中，流程图主要用来说明某一过程。这种过程既可以是生产线上的工艺流程，也可以是完成一项任务必需的管理过程，如图15-3所示。

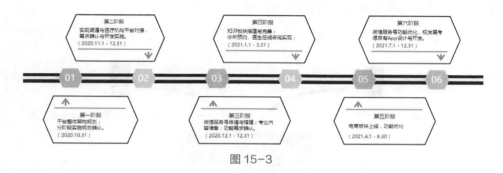

图 15-3

脑图通过文字、线条、颜色、图像等组织结构，在日常生活和学习中也可以通过绘制脑图来帮助记忆，例如使用脑图记忆英文单词等，如图15-4所示。会使用脑图来帮助思考的人，思维方式以及处理问题的能力往往比一般人更强。

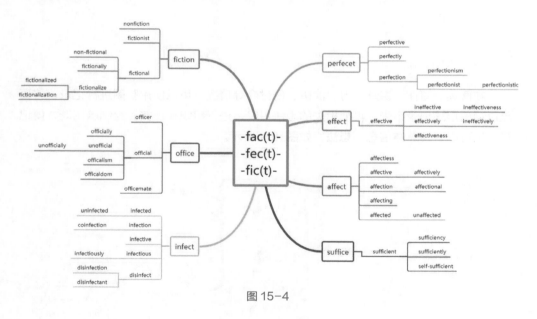

图 15-4

15.1.2　脑图的应用领域

脑图的应用领域十分广泛，无论是阅读、写作、课程学习，还是项目管理、问题分析等，脑图都能发挥重要作用。

（1）生活领域

生活中用到脑图的场合很多，例如做出行计划、组织聚会、房屋装修预算、家庭财务分析、垃圾分类等，如图15-5所示。

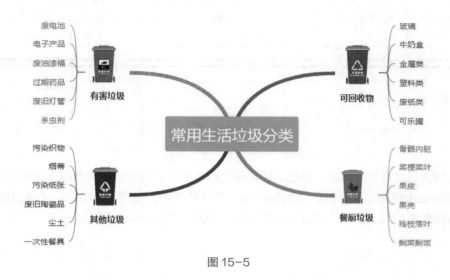

图 15-5

（2）学习领域

在阅读、写作、课堂学习、演讲、研讨会等情况下可以使用脑图进行记录，将要点以词语形式记录下来，再把相关的想法用线条进行组织和连接，绘制脑图既方便记忆，还可以帮助总结信息和想法，如图15-6所示。

图 15-6

（3）工作领域

在工作领域可以使用脑图进行项目管理、组织活动、会议记录、培训安排、谈判、面试、评估等，如图15-7所示。

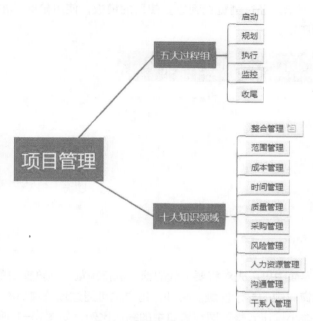

图 15-7

据说美国波音公司在设计波音747飞机的时候就使用了脑图。据波音公司的人讲，如果使用普通的方法，设计波音747这样一个大型的项目要花费6年的时间。但是，通过使用脑图，他们的工程师只使用了6个月的时间就完成了波音747的设计，并节省了一千万美元。

使用WPS绘制脑图

WPS 2019及以上版本中，已经贴心地为用户们准备了脑图制作功能，用户只要成功安装了WPS，便可以使用该软件中的"脑图"功能来创建脑图。

15.2.1 用模板创建

WPS内置了很多脑图模板，除了会员专享模板以外，其中不乏优质的免费模板，接下来将介绍如何使用脑图模板。

扫一扫 看视频

启动WPS，在"新建"界面中单击"脑图"按钮，此时，窗口中会显示很多模板，向下滚动鼠标滚轮，找到"免费专区"，单击"更多模板"按钮，展开更多免费模板，如图15-8所示。经过浏览找到想要使用的模板，使用鼠标单击可以进入下载界面，如图15-9所示。

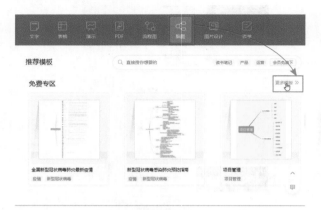

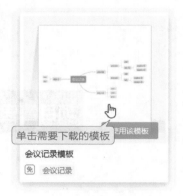

图 15-8   图 15-9

在模板下载界面中可以先对将要下载的脑图进行预览，预览窗口的右侧和底部滑块可控制脑图在窗口中的显示区域。另外，用户也可通过预览窗口右下角的"1:1"按钮以及放大和缩小按钮调整脑图在窗口中的缩放比例，如图15-10所示。若确定使用当前模板，则单击预览区域右上角的"使用此模板"按钮，如图15-11所示。

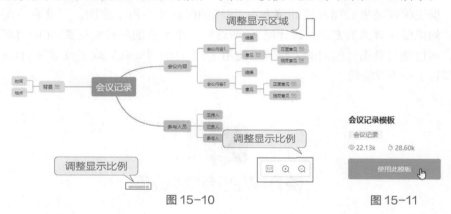

图 15-10   图 15-11

模板下载完成后会自动在WPS中打开，如图15-12所示。在界面中的空白区域按住鼠标左键，拖动鼠标可调整脑图在当前窗口中的位置。

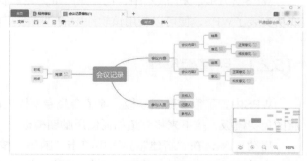

图 15-12

15.2.2 修改模板

模板下载好后，用户可根据需要对脑图进行修改，例如修改节点中的内容、添加或删除节点、更改主题风格、更改脑图结构等。

（1）修改节点中的内容

选中需要修改内容的节点，双击鼠标，让该节点中的内容变成可编辑状态，如图15-13所示。输入新的内容，输入完成后按【Enter】键即可完成修改，如图15-14所示。

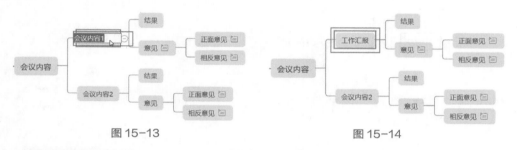

图 15-13　　　　　　　　　　　　　　　图 15-14

技巧延伸

除了使用鼠标双击外，在键盘上按【F2】键也可让节点中的内容进入可编辑状态。

（2）添加或删除节点

选中需要添加主题的节点，打开"插入"选项卡，单击"插入子主题"按钮，如图15-15所示，即可为所选节点添加一个子主题节点，如图15-16所示。

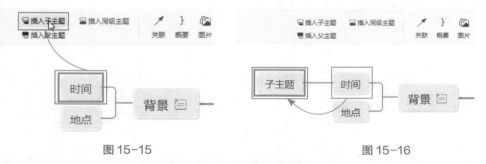

图 15-15　　　　　　　　　　　　　　　图 15-16

若要插入同级主题节点，则在"插入"选项卡中单击"插入同级主题"，如图15-17所示。若单击"插入父主题"按钮，则可为所选节点插入父主题，如图15-18所示。

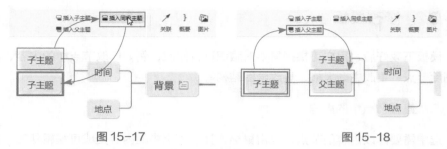

图 15-17   图 15-18

若要删除某个节点，只需将该节点选中，按【Delete】键，如图15-19所示。该节点以及该节点的下级节点即可全部被删除，如图15-20所示。

图 15-19   图 15-20

（3）更改主题风格和脑图结构

若对模板的风格或结构不满意，也可对其进行更改，操作方法非常简单。下面将介绍具体操作方法。

① 更改主题风格　在"样式"选项卡中单击"主题风格"按钮，在展开的列表中选择满意的主题风格，如图15-21所示。随后弹出"更改主题风格"对话框，单击"覆盖"按钮即可更改当前脑图的风格。

② 更改脑图结构　在"样式"选项卡中单击"结构"按钮，在展开的列表中可选择需要的脑图结构，如图15-22所示。

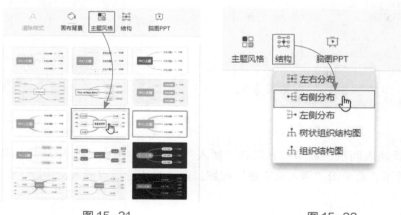

图 15-21   图 15-22

15.2.3 保存脑图

扫一扫 看视频

在制作脑图的过程中，为了避免意外情况导致软件被强行关闭，从而导致未被保存的内容丢失，可将脑图保存到WPS云文档。

在功能区左侧单击"保存至云文档"按钮即可将当前脑图保存至云文档，如图15-23所示。用户也可用快捷键【Ctrl+S】进行保存。

图 15-23

文件被保存到云文档后，可在"我的云文档"中找到它们。具体操作：在WPS"首页"中单击"文档"按钮，随后选择"我的云文档"选项，在打开的界面中即可找到之前保存的文档，如图15-24所示。

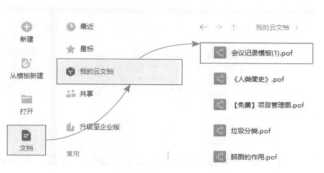

图 15-24

15.2.4 新建脑图

除了使用模板创建脑图外，用户也可从一张空白画布开始，完全新建一张脑图。

（1）新建空白图

启动WPS，单击"新建标签"按钮，新建一个页面。在"新建"页面中单击"脑图"按钮，选择"新建空白图"选项，如图15-25所示。WPS中随即新建一个脑图的空白图，该图中包含一个中心节点，如图15-26所示。

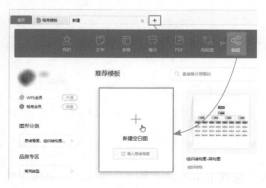

图 15-25

图 15-26

（2）创建脑图分支

选中中心节点，打开"插入"选项卡，通过"插入子主题"和"插入同级主题"按钮创建脑图的分支，如图15-27所示。用户也可以随手使用快捷键创建当前节点的分支节点，按【Enter】键可创建同级节点，按【Tab】键可创建子节点，如图15-28所示。

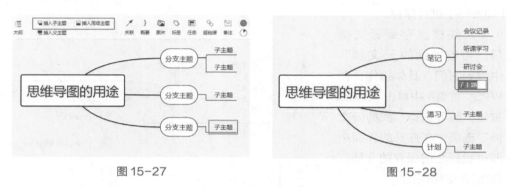

图 15-27   图 15-28

在制作脑图的过程中若发现有遗漏的内容，要向某个分支的上一级添加节点，可在"插入"选项卡中单击"插入父主题"按钮。

（3）移动节点

若脑图中的某些节点位置不合适，可移动节点。选中需要移动的节点，按住鼠标左键不放，向目标节点拖动，当目标节点出现橙色的矩形框时松开鼠标，如图15-29所示。所选节点以及该节点的下级分支全部被移动到目标节点的下级，如图15-30所示。

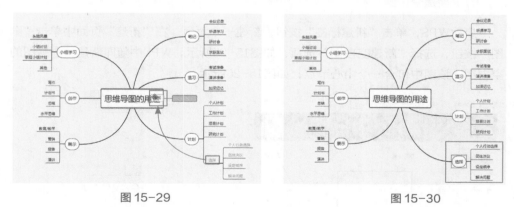

图 15-29   图 15-30

（4）创建关联及概要

选中需要创建关联的节点，在"插入"选项卡中单击"关联"按钮。此时所选节点中会出现一个绿色的线条，单击需要和该节点产生关联的另一个节点，如图15-31

所示。两个节点之间随即出现一条关联线条，如图15-32所示。

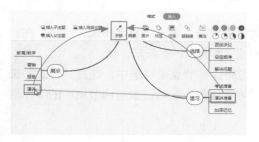

图 15-31

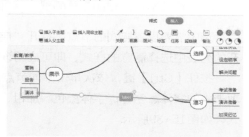

图 15-32

拖动关联线条上的圆圈，可调整线条的弧度，如图15-33所示。将光标放在关联线条上的灯泡图形上方，在展开的菜单中可设置线条的宽度、颜色、线型等，如图15-34所示。

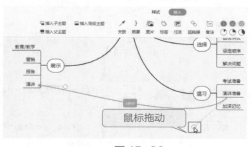

图 15-33

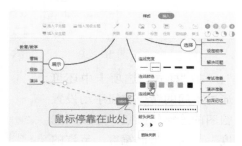

图 15-34

选中一个有用分支的节点，在"插入"选项卡中单击"概要"按钮，如图15-35所示。该节点的分支即可被添加概要，手动输入概要内容即可，如图15-36所示。

图 15-35

图 15-36

办公小课堂

在"插入"选项卡中还可向选中的节点中插入图片、标签、超链接、小图标等元素，如图15-37所示。

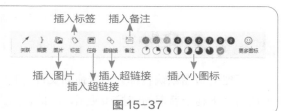

图 15-37

（5）设置节点样式和字体格式

选中需要设置样式的节点，打开"样式"选项卡，单击"节点样式"按钮，在展开的列表中选择满意的样式，即可应用该样式，如图15-38所示。

按住【Ctrl】键，依次单击不同节点，可将这些节点全部选中，通过"样式"选项卡中的字体、字号、字体颜色、加粗、对齐方式等按钮可设置所选节点中的字体格式，如图15-39所示。

图 15-38

图 15-39

在"样式"选项卡中还可通过不同的命令按钮手动设置脑图的连接线颜色、连接线宽度、节点的边框宽度、节点的边框颜色、节点的边框线类型等，如图15-40所示。

图 15-40

办公小课堂

脑图制作完成后可将其转换成PPT，在"样式"选项卡中单击"脑图PPT"按钮，稍作等候，当前的脑图即可被转换成PPT，如图15-41所示。

单击"保存PPT"按钮可将PPT保存到计算机中。

图 15-41

15.2.5 重命名脑图

新建的脑图默认名称为"未命名文件（1）""未命名文件（2）"…直接使用这些默认名称不利于后期的查找和使用，因此，用户可以根据脑图的内容为文件重命名。

单击"文件"下拉按钮，选择"重命名"选项，如图15-42所示。弹出"重命名"对话框，输入文件名称，单击"确定"按钮，完成重命名操作，如图15-43所示。

图 15-42　　　　　　　　　图 15-43

15.2.6 展开或折叠脑图

脑图中的分支很多时，折叠功能有利于帮助折叠暂时不需要查看的分支，等到有需要时再展开。

（1）快速折叠或展开所有分支

选中脑图中的任意节点，在"样式"组中单击"一键收起"按钮，可将一级节点的下级分支全部折叠（概要不会被折叠），如图15-44所示。若要展开所有分支只需单击"一键展开"按钮即可。

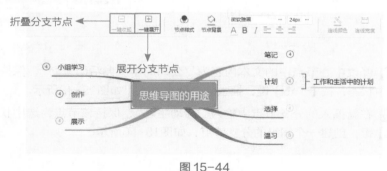

图 15-44

（2）手动展开或折叠分支

将光标移动到需要折叠的分支的节点上方，此时该节点右侧会出现一个折叠按钮，单击该按钮，如图15-45所示。该节点的下级分支随即全部被折叠，该节点右侧会显示一个带圈的数字，这个数字表示被折叠的分支数量，单击这个数字可重新展开被折叠的分支，如图15-46所示。

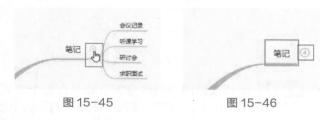

图 15-45　　　　　　　　图 15-46

制作公司周年庆典活动策划脑图

活动策划是针对某一项活动而制作的规划，需要根据不同的性质和特点，拟定各自所应围绕的主题。下面将使用WPS脑图制作一份公司周年庆活动策划脑图。

（1）创建脑图

创建公司周年庆活动策划脑图之前，先启动WPS，新建一个空白的脑图，然后开始本次创建。

步骤 01 单击"文件"下拉按钮，选择"重命名"选项，如图15-47所示。

步骤 02 弹出"重命名"对话框，在文本框中输入"公司周年庆典活动策划"，单击"确定"按钮，如图15-48所示。

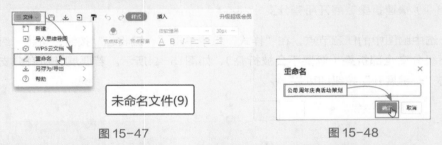

图 15-47　　　　　　　　　　　　　　　图 15-48

步骤 03 修改中心节点中的文本内容为"公司周年庆典活动策划"，保持中心节点为选中状态，按【Tab】键，插入一个分支节点，如图15-49所示。

步骤 04 在新插入的分支节点中输入"活动主题"，保持该节点为选中状态，按【Enter】键，创建一个同级的分支节点，如图15-50所示。

图 15-49　　　　　　　　　　　　　　　图 15-50

步骤 05 继续在脑图中创建分支节点并在每个节点中输入内容，随后打开"样式"选项卡，单击"结构"按钮，在展开的列表中选择"左右分布"选项，如图15-51所示。脑图中的分支节点随即被转换成左右分布，如图15-52所示。

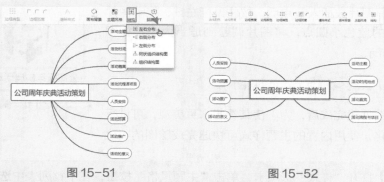

图 15-51　　　　　　　　　　　　　　图 15-52

步骤 06 选中"活动主题"节点，打开"插入"选项卡，单击"更多图标"按钮，从下拉列表中选择一个需要的图标，如图15-53所示。

步骤 07 所选图标随即被插入当前节点中。单击图标，在展开的列表中可以设置图标的颜色，也可继续向当前节点中插入其他图标，若单击"⊗"按钮，可删除图标，如图15-54所示。

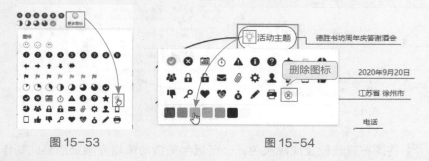

图 15-53　　　　　　　　　　　　　图 15-54

步骤 08 选中中心节点，在"插入"选项卡中单击"图片"按钮，如图15-55所示。

步骤 09 弹出"插入图片"对话框，选择"本地上传"选项，单击"选择图片"按钮，如图15-56所示。在随后弹出的对话框中选择需要的图片，单击"打开"按钮，即可将所选图片插入中心节点中。

图 15-55　　　　　　　　　　　　图 15-56

步骤 10 图片被插入节点后，按住鼠标左键，拖动图片右下角的蓝色小圆点，将图片调整到适当大小，如图15-57所示。

图 15-57

（2）美化营销活动策划脑图

脑图创建完成后，为了使其看起来更美观，可进行适当美化，使用内置的主题样式可快速完成脑图的美化工作。

步骤 01 打开"样式"选项卡，单击"主题风格"按钮，在下拉列表中选择一款满意的主题样式，如图15-58所示。

步骤 02 选中中心节点，在"样式"选项卡中单击"节点样式"按钮，选择一款不带填充色的样式，如图15-59所示。

图 15-58   图 15-59

步骤 03 将画布背景设置成浅灰色，公司周年庆活动策划方案脑图至此制作完成，效果如图15-60所示。

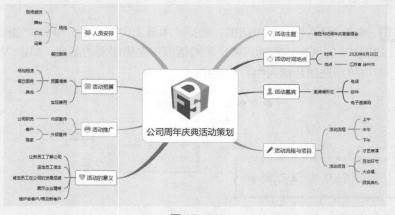

图 15-60

制作《小王子》读书笔记

通过本章内容的学习，相信用户对WPS脑图的应用已经有了一定的了解。为了巩固所学知识，请根据下列要求制作一份《小王子》读书笔记，如图15-61所示。

操作提示

❶ 将脑图重命名为"《小王子》读书笔记"。

❷ 使用快捷键，或通过"出入"选项卡中的插入主题按钮，创建出脑图基础图形，并输入文字。

❸ 在中心节点中插入《小王子》图书封面，并调整好大小。

❹ 在适当节点中插入小图标并设置图标颜色。

❺ 选择如图15-61所示的主题风格，随后将所有连接线以及节点边框设置成绿色。

❻ 将画布颜色设置成浅蓝色。

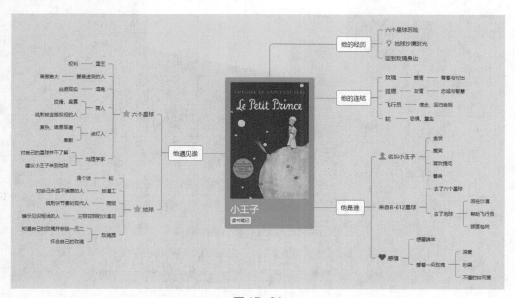

图 15-61

第16章

人人都是设计师
——图片设计

　　在工作和生活中，图片的视觉冲击力和感染力往往比文字更强，而在方案策划、活动宣传、朋友圈节日祝福等场景下，通常需要专门制作图片，而制图则需要掌握一些技巧。

　　为了解决类似难题，金山办公在新版的WPS 2019(Windows版)中集成了实用、易上手的"图片设计"功能，即使是没有任何设计基础的用户都能在10分钟内完成一张精美图片的设计。

16.1
WPS图片设计

　　WPS"图片设计"功能提供了丰富的素材资源，无论是背景、图形、插图，还是基础的文字，皆可拖拽放到编辑页面直接使用。若用户拥有独特的设计想法，也可以上传自己的图片和素材，轻松制作出一张漂亮的图片。

16.1.1　新建画布

扫一扫 看视频

　　图片设计的第一步是确定画布的大小，随后便可在有限的物理空间上发挥无限的创意。用户可根据需要创建指定大小的画布。

　　启动WPS，新建一个标签，选择"图片设计"选项卡，单击"新建空白画布"按钮，如图16-1所示。弹出"自定义尺寸"对话框，该对话框中设置了一些常用尺寸，用户可直接从这些内置的尺寸中进行选择，也可自定义画布尺寸，设置好尺寸后单击"开启设计"按钮，如图16-2所示。

图 16-1

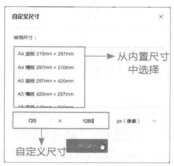

图 16-2

　　一个空白画布随即被创建出来，画布的左侧包含素材、文字、背景、工具等标签，通过向画布中添加不同标签中的元素，可制作出想要的图片，如图16-3所示。

图 16-3

16.1.2 设置背景

背景对于图片设计来说十分重要，用户可以选择使用纯色背景、系统提供的背景或自定义的背景。

在图片设计窗口的左侧单击"背景"按钮，在打开的界面中即可设置需要的背景，如图16-4所示。

此处以使用系统内置图片背景为例。在背景界面中找到满意的背景并用鼠标单击，空白的图即可应用所选背景，如图16-5所示。

图 16-4

图 16-5

16.1.3 添加素材

扫一扫 看视频

背景设置好后可以在背景上添加合适的素材进行装饰，例如添加形状、添加自定义图片等。下面将介绍具体操作方法。

（1）添加形状

单击窗口左侧的"素材"按钮，在展开的界面中选择好素材的类型，随后单击需要的形状，即可将该形状添加到画布中，如图16-6所示。

单击插入的形状，形状周围会出现8个控制点，拖动控制点，可调整形状的大小，如图16-7所示。

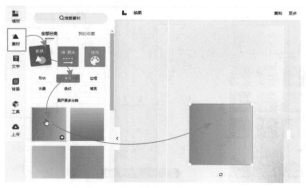

图 16-6

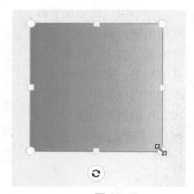

图 16-7

　　按住鼠标左键，拖动形状，可移动形状在画布中的位置。用户可通过画布中是否出现红色虚线来判断形状是否居中显示，如图16-8所示。

办公小课堂

　　渐变色的形状不能更改颜色。若添加的形状是纯色，可在菜单栏中单击颜色按钮，在展开的列表中修改其颜色，如图16-9所示。

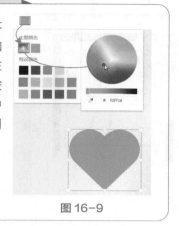

图 16-9

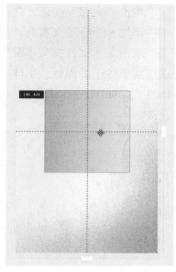

图 16-8

（2）添加自定义图片

　　打开"上传"界面，单击"上传图片"按钮，在打开的对话框中找到需要上传的图片，将其上传到"图片设计"工具中，图片上传成功后，单击图片即可将该图片添加到画布中，如图16-10所示。

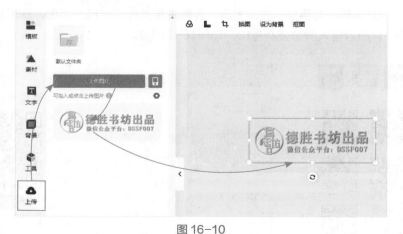

图 16-10

16.1.4　文字设计

　　文字是图片设计中的重要元素，下面将介绍如何在画布中添加文字并设计文字效果。

单击"文字"按钮，在打开的界面中选择"点击添加标题文字"按钮，即可向画布中添加一个标题文本框，如图16-11所示。

双击文本框，在文本框中输入文本。选中文本框，画布顶端会出现一个菜单栏，通过菜单栏中的颜色、字体、字体大小、加粗、间距等命令按钮可设置文本框中的字体格式，如图16-12所示。

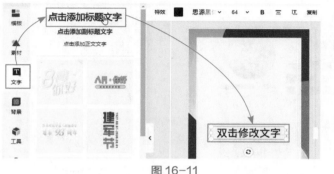

图 16-11   图 16-12

16.1.5 工具的应用

扫一扫 看视频

很多海报、宣传图片画册等图片中都会显示二维码，使用WPS的图片设计工具也可向图片中添加二维码。

打开"工具"界面，单击"二维码"按钮，选择一款满意的二维码样式，如图16-13所示。

弹出"二维码"对话框，在"内容"界面中选择好二维码的类型，这里选择"微信公众号"，随后输入微信公众号ID，如图16-14所示。

图 16-13   图 16-14

切换到"样式"界面，在改界面中可设置二维码的前景色、背景色以及为二维码添加Logo。此处将为二维码添加一个Logo，单击" + "按钮，如图16-15所示。

在弹出的对话框中找到需要使用的Logo图片，单击"打开"按钮，将其插入二维码中，随后返回"二维码"对话框，单击"保存并使用"按钮，即可将二维码添加到画布中，如图16-16所示。

图 16-15   图 16-16

16.2
下载及保存设计好的图片

设计好的图片或者WPS自带的图片模板该如何下载或保存呢？接下来将介绍具体操作方法。

16.2.1 下载图片

用户可将设计好的图片下载到计算机或手机中，另外，在下载图片的时候还可选择图片的格式，可供选择的格式包括PNG、JPG以及PDF。

在图片设计窗口右上角单击"保存并下载"按钮，弹出"下载设计"对话框，选择好文件的类型，单击"下载图片"按钮可将图片下载到计算机中；单击"下载到手机"按钮，会弹出一个二维码，用手机扫描该二维码可将图片下载到手机中，如图16-17所示。图片下载完成后会弹出"您的设计图片已下载成功"对话框，如图16-18所示。

图 16-17

图 16-18

办公小课堂

　　若图片中包含非商用的字体，下载完成后所弹出的对话中会提示下载的图片中包含不可商业使用的字体，单击"详情"文本可查看详情，如图16-19所示。

您的设计图片已下载成功

🛈 包含不可商业使用的字体 详情

图 16-19

16.2.2　保存图片

　　WPS图片设计工具中创建的图片应该如何重命名？图片默认保存在什么位置？当关闭了图片设计工具后又该如何找到之前设计好的图片呢？下面将对以上问题进行解答。

（1）重命名图片

　　在功能区中的图片名称文本框中输入图片的名称，随后点击一下其他位置即可完成图片的重命名，如图16-20所示。

图 16-20

（2）保存图片并打开"我的设计"

　　在图片设计窗口中按【Ctrl+S】组合键即可将当前画布中的图片保存到"我的设计"中，如图16-21所示。

图 16-21

下面介绍两种常用的打开"我的设计"的方法。

方法一　单击"文件"下拉按钮，从展开的列表中选择"查看我的设计"选项，如图16-22所示。

方法二　在"新建"标签中的"图片设计"界面左侧单击"我的设计"选项，如图16-23所示。

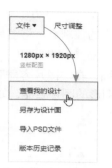

图 16-22

图 16-23

制作每日一签海报

平时我们在刷朋友圈、微博或阅读微信公众号时经常会看到每日一签之类的图片，这种日签图片如何制作呢？接下来将详细介绍如何利用WPS的图片设计功能制作一张每日一签海报。

（1）设置海报背景

本案例将用自选图片为海报做一个有创意的背景，下面介绍具体制作步骤。

步骤01　启动WPS，打开"图片设计"标签，新建一张尺寸为"720×1280"像素的画布（这个尺寸是目前大多数手机通用的尺寸），如图16-24所示。

步骤02　打开"上传"界面，从计算机中上传一张提前准备好的图片，上传成功后单击该图片，如图16-25所示。图片随即被添加到画布中，如图16-26所示。

图 16-24

图 16-25

图 16-26

步骤 03 拖动图片四个角上的控制点，将图片大小调整至能够完全覆盖画布，如图16-27所示。

步骤 04 打开"素材"界面，在"图片容器"分类中选择半圆形，如图16-28所示。向画布中添加一个半圆形的图片容器，如图16-29所示。

图 16-27　　　　　　图 16-28　　　　　　图 16-29

步骤 05 再次打开"上传"界面，选中前面上传的图片，按住鼠标左键，向画布中的图片容器内拖拽，将该图片填充至图片容器中，如图16-30所示。

步骤 06 调整好半圆形图片的大小，将半圆形图片拖动至图片右上角，如图16-31所示。

步骤 07 选中底层的图片，在菜单栏中单击"滤镜"按钮，在展开的列表中设置"模糊"指数为"7"，如图16-32所示。

图 16-30　　　　　　图 16-31　　　　　　图 16-32

（2）设置海报文字

背景设置完成后便可开始设计海报文字了，制作每日一签图片切忌堆砌文字，只需适当的文字点明主题，再写一句相关的励志语即可。

步骤 01 打开"文字"界面，单击"点击添加标题文字"选项，向画布中添加一个标题文本框。随后双击文本框，在文本框中输入文本"晚"，拖动该文本框右下角的控制点，调整字体大小为160，如图16-33所示。

步骤 02 选中文本框，在菜单中设置字体颜色为"白色"、字体为"站酷庆科黄油体"，如图16-34所示。

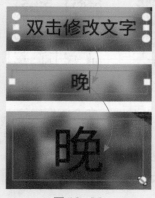

图 16-33

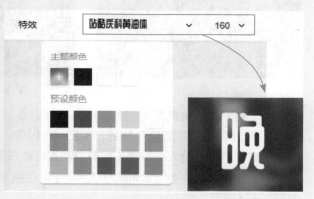

图 16-34

步骤 03 将"晚"文本框拖动至画布右上角。在菜单栏中单击"复制"按钮，复制一个相同格式的文本框，如图16-35所示。

步骤 04 在复制的文本框中输入"安"，调整好文本框的位置。再次添加文本框，输入单词"night"，设置好文本格式以及文本框位置，如图16-36所示。

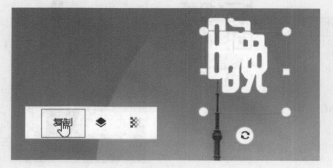

图 16-35

图 16-36

步骤 05 向画布中添加文本框，设置好字体颜色、字体、字号，并将文本框设置成竖排显示，如图16-37所示。

步骤 06 继续向画布中添加文本框，输入日期，调整好字体格式以及文本框，如图16-38所示。

步骤 07 最后向画布中添加二维码，打开"工具"界面，单击"二维码"按钮，选择一款需要的二维码样式，如图16-39所示。

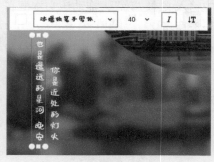

图 16-37

图 16-38

图 16-39

步骤 08 打开"二维码"对话框，选择二维码类型为"网址"，在文本框中输入网址，单击"保存并使用"按钮，如图16-40所示。画布中即可插入相应二维码，调整好二维码的大小，将二维码拖动到画布右下角。

步骤 09 在功能区中的文本框内输入"每日一签（晚安）"，对图片进行重命名，如图16-41所示。

至此，完成每日一签海报的设计，最终效果如图16-42所示。

图 16-40

图 16-41

图 16-42

制作邀请函

通过本章内容的学习，相信大家对WPS"图片设计"的应用已经有了一定的了解。为了巩固所学知识，根据下列要求制作一份年会邀请函，如图16-43所示。

操作提示

❶ 新建一个尺寸为"720×1280"像素的画布。

❷ 为画布添加一款自己喜欢的内置的图片背景。

❸ 在画布上方添加一个矩形，调整矩形大小，使其覆盖在背景上方，四周适当留出部分背景作为图片边框。修改矩形的颜色为浅粉色。

❹ 添加文本框，输入邀请函中的文字内容，并适当设置文本格式。

❺ 向邀请函中插入Logo图片，调整好Logo大小，将其放置在邀请函顶部。

❻ 向邀请函中插入微信公众号（dssf007）二维码，并在二维码中间添加Logo图标。

图 16-43

附 录

WPS文字常用快捷键

组合键	功能描述
Ctrl+A	全选
Ctrl+B	加粗字体
Ctrl+C/V	复制 / 粘贴
Ctrl+D	打开"字体"对话框
Ctrl+E	居中
Ctrl+F	查找
Ctrl+G	定位
Ctrl+H	替换
Ctrl+I	倾斜字体
Ctrl+L	左对齐
Ctrl+N	新建文档
Ctrl+O	打开文档
Ctrl+P	打印
Ctrl+S	保存
Ctrl+X	剪切
Ctrl+Y	恢复
Ctrl+Z	撤销
Ctrl+Shift+C/V	复制 / 粘贴格式
Ctrl+【	缩小字号
Ctrl+】	放大字号
Ctrl+ 鼠标拖动	选定不连续文字
F12	文档另存为

WPS表格常用快捷键

组合键	功能描述
Ctrl+A	全选
Ctrl+C/V	复制/粘贴
Ctrl+D	向下填充选中区域
Ctrl+F	查找
Ctrl+G	定位
Ctrl+H	替换
Ctrl+N	新建工作簿
Ctrl+O	打开工作簿
Ctrl+R	向右填充选中区域
Ctrl+S	保存工作簿
Ctrl+Y	重复上一步操作
Ctrl+W	关闭工作簿
Ctrl+X	剪切
Ctrl+Z	撤销
Ctrl+Enter	键入同样的数据到多个单元格中
Ctrl+Home	移动到工作表的开头
Ctrl+PageDown	切换到活动工作表的下一个工作表
Ctrl+End	移动到工作表最后一个单元格
Ctrl+F3	定义名称
Ctrl+鼠标选中	选择多个区域
Ctrl+1	打开"单元格格式"对话框
Shift+F11	插入新工作表
Alt+Enter	单元格内换行
Back Space（退格键）	进入编辑，重新编辑单元格内容
Home	移动到活动单元格所在的窗格行首
F11	创建图表

WPS演示常用快捷键

组合键	功能描述
Ctrl+A	选择全部对象或幻灯片
Ctrl+B	应用（解除）文本加粗
Ctrl+C/V	复制 / 粘贴幻灯片
Ctrl+F	查找
Ctrl+H	替换
Ctrl+I	文字添加或清除倾斜
Ctrl+N	新建演示文稿
Ctrl+O	打开演示文稿
Ctrl+P	文件打印
Ctrl+S	保存演示文稿
Ctrl+U	添加或删除下划线
Ctrl+Delete	删除当前页
Ctrl+Enter	进入版式对象编辑状态 / 插入新页
Shift+F5	从当前页开始播放
Back Space	执行上一个动画或返回到上一演示页
End	跳到最后一页
ESC	退出演示
Enter	执行下一个动画或切换到下一演示页
F5	演示播放（从第 1 页开始）
Home	跳到第一页
Page Down	跳到下一页
Page Up	跳到上一页